$99

一書在手
懷孕安心過

U0130490

荷花出版

一書在手 懷孕安心過

出版人：尤金

編務總監：林澄江

設計：李孝儀

出版發行：荷花出版有限公司

電話：2811 4522

排版製作：荷花集團製作部

印刷：新世紀印刷實業有限公司

版次：2023年4月初版

定價：HK$99

國際書號：ISBN_978-988-8506-75-0

© 2023 EUGENE INTERNATIONAL LTD.

荷花出版
EUGENEGROUP

香港鰂魚涌華蘭路20號華蘭中心1902-04室
電話：2811 4522　圖文傳真：2565 0258
網址：www.eugenegroup.com.hk
電子郵件：admin@eugenegroup.com.hk

做個知識型孕媽

老一輩常說：「陀仔陀女一睇就知！」是否這麼厲害？陀仔陀女是否真的有樣睇？

原來他們根據「陀女孕吐較嚴重」、「生仔皮膚會變差」、「陀女孕婦肚圓，陀仔肚尖」、「生仔肚毛多，生女肚毛少」、「生仔肚臍凸，生女肚臍平」等來觀察。

這些「根據」，是否真的有醫學根據？抑或只是偶然的結果？當然這些都是代代相傳的傳聞，但並不等如事實。我們都知道，昔日社會醫學不發達，科學不昌明，人們只憑眼見去猜想來由，或憑經驗去歸納出結果，不過，這些結論都未曾經得起嚴謹的科學推敲或反覆論證，所以，生活於現今科學昌明社會的我們，對這些傳聞只能姑妄聽之，不要認真看待。

其實，上述的所謂「根據」，全都是臆測，如果用現代醫學角度，全部都有解釋。就以「孕婦陀女肚圓，陀仔則肚尖」為例，這只代表肚形與孕婦體形有關而已。原來孕婦的肚形與孕婦體形、骨盆形態、脊柱形狀、腹部肌肉力量、胎位等因素有關。如果孕婦本身較瘦、骨盆較淺或窄，當胎兒長大，骨盆容納不下時，就會長到骨盆外面往前頂出，於是形狀為尖肚；相反，如孕婦骨盆較寬和深，有較多空間給胎兒生長，肚子形狀就會顯得比較平坦和較圓了。

由現代醫學拆解，所謂傳聞都來自有因，所以，孕婦應常裝備懷孕知識，做個精明新一代孕媽媽。要做個現今一代知識型的孕媽媽，本書是最佳的入門，因本書正為追求懷孕知識的孕媽媽而設。本書共分四章，首章是「孕期健康」，從不同角度講述孕婦健康問題，例如產前檢查是否一定要做、10種孕期不適見招拆招等。次章為「分娩前後」詳細講解自然、剖腹分娩的選擇問題、早產遲產如何做等。第三章為「懷孕通識」，共有 4 個題目，包括生男生女傳聞、孕期傳統禁忌、四季懷孕大不同，以及 20、30、40 歲陀 B 生 B 之不同等。末章為「孕婦運動」，由不同教練教孕婦做產前產後運動，令孕婦有強健體魄迎接分娩，以及產後盡快收身。

本書是一本內容廣泛的孕婦專書，擁有它，要成為現今一代知識型的孕媽媽，毫無難度！

目　錄

Part 1　孕期健康

產前檢查孕婦一定要做？ 10

10種孕期不適見招拆招 22

瞓啱姿勢踢走孕期失眠.................32

寒底、熱底孕媽補身有宜忌 42

懷胎10月營養大檢閱.........................54

老公學按摩紓緩孕婦不適 66

Part 2　分娩前後

自然、剖腹分娩點揀好？ 74

早產、遲產孕婦點做？ 86

臨盆分娩突發事點解救？ 98

懷孕後期10件必做事.........................108

19件走佬袋好物一件不可少 124

HealthBaby 生寶臍帶血庫

香港**最尖端幹細胞科技**臍帶血庫
唯一使用**BioArchive®**全自動系統

FDA 認可

HealthBaby 生寶臍帶血庫

thermogenesis bioarchive

- ✓ 美國食品及藥物管理局(FDA)認可
- ✓ 全自動電腦操作
- ✓ 全港最多國際專業認證 (FACT, CAP, AABB)
- ✓ 全港最大及最嚴謹幹細胞實驗室
- ✓ 全港最多本地臍帶血移植經驗
- ✓ 病人移植後存活率較傳統儲存系統高出10%*
- ✓ 附屬上市集團 實力雄厚

Research result of "National Cord Blood Program" in March 2007 from New York Blood Center

目 錄

Part 3  懷孕通識

生男生女傳聞有冇根據？.................138

孕期傳統禁忌逐點破解.....................148

20、30、40歲陀B生B大不同？.......156

春夏秋冬懷孕有何不同？.................166

Part 4 孕婦運動

分娩球運動擊走順產痛楚.................178

運動治療踢走痛症.........................184

8式簡易去水腫動作.......................190

產後3個月火速收身.......................196

回復平坦小腹運動有橋妙.................202

產後打拳重塑體態...........................208

產後收身在家做得到.......................212

齊做普拉提重拾肌耐力...................218

鳴謝以下專家為本書提供資料

何嘉慧 / 婦產科專科醫生

陳耀敏 / 婦產科專科醫生

駱靈岫 / 婦產科專科醫生

王偉明 / 婦產科專科醫生

周寄雯 / 婦產科專科醫生

楊穎兒 / 婦產科專科醫生

方秀儀 / 婦產科專科醫生

梁巧儀 / 婦產科專科醫生

黃慧儀 / 婦產科專科醫生

徐思濠 / 註冊中醫師

朱柱彤 / 註冊中醫師

何庭軒 / 註冊中醫師

邱宇鋒 / 註冊中醫師

林平方 / 註冊中醫師

謝嘉雯 / 註冊中醫師

李卓林 / 註冊中醫師

梁穎恩 / 註冊營養師

吳耀芬 / 註冊營養師

戴偉雄 / 註冊物理治療師

陶麗敏 / 註冊物理治療師

黃翠鳳 / 註冊物理治療師

李嘉文 / 註冊物理治療師

谷宛霖 / 註冊物理治療師

李素珍 / 陪月服務公司負責人

麥文科 / 中國香港健美總會教育部主席

鄧蕙晴 / 普拉提運動治療師

阿蔡 / 教練

Phoebe / 教練

Jessica / 教練

Carmen / 瑜伽導師

Heidi Poon / 瑜伽導師

Katie / 註冊助產士兼瑜伽導師

Fion Yuen / 荷花親子店長

Kirsten W / 女攝影師

Mead Johnson® 美贊臣
Nutrition

1粒集齊

DHA
200mg/softgel

活性
葉酸

鈣

維生素D

支持孕期必備關鍵營養

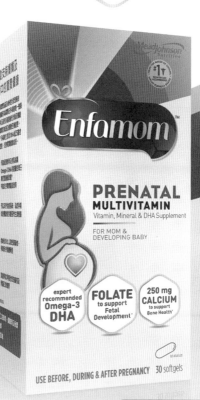

NEW

Enfamom™
孕婦維生素及DHA

全港唯一

一粒同時蘊含Omega-3脂肪酸，
活性葉酸，鈣及多種孕婦關鍵維他命*

Part 1

孕期健康

懷胎十月，最重要莫過於健康，

只要健健康康，才能產下健康的胎兒。

本章有多篇文章，從不同角度講述孕婦健康問題，

例如產前檢查的重要，寒底熱底補身宜忌等。

產前檢查
孕婦一定要做？

專家顧問：何嘉慧 / 婦產科專科醫生

對新手媽媽來說，產前檢查可謂是一件陌生的事情：懷孕幾多周數開始需要做產檢？產檢有何重要性？不做產檢有甚麼壞處？現時產檢大概會做甚麼？本文由婦產科專科醫生為大家講解，在懷孕不同時期可以進行的產檢項目，每個項目的作用和重要性，讓大家陀 B 更安心。

產前檢查的目的是盡早找出問題，並及時處理和預防某些問題出現。

產前檢查可有可無？

現在產前檢查變得越來越重要了，也有不參與產前檢查也能生下健康寶寶的人，但這是否意味着產前檢查大可不必呢？產前檢查的意義何在？若是想安排產前檢查的孕媽，需要怎樣安排時間？

產前檢查一定要做？

婦產科專科醫生何嘉慧表示，產前檢查的目的是盡早找出問題，並及時處理和預防某些問題出現，確保寶寶和媽媽的健康，「在沒有不適的人群中，找出有問題的人。」選擇何種產前檢查項目，需要視乎每個人的背景和健康狀況而定，即使是從未進行產前檢查的人，也可以生出健康的寶寶，但這種情況孕媽和寶寶都要承受一定的風險。何醫生建議孕媽做早期超聲波、常規血液檢查、唐氏綜合症篩查和結構性超聲波幾項，若有需要便進行成長超聲波和乙型鏈球菌檢查。

警惕孕期血壓

政府醫院在每次產檢都會免費檢測小便的糖份、蛋白含量及血壓。一般孕媽懷孕早期和中期的血壓偏低，到後期回升至懷孕前的血壓（正常應該低於140/90mmHg），若孕媽血壓出現問題，在後期的血壓會高於懷孕前的血壓水平。越到後期，孕媽越容易出現妊娠高血壓和妊娠毒血症，這兩種疾病的表徵均是高血壓，因此後期對血壓的監測會更頻密。

糖尿高危盡早檢查

非高風險人士的糖尿檢查一般可以安排在 28 至 30 周進行，

10 周進行的超聲波檢查均叫早期超聲波。

如果是高危人士，早期產檢時便需要安排糖尿檢查。即使第一次檢查結果正常，但隨着孕期荷爾蒙的轉變，孕媽的血糖控制可能會越來越差，因此到懷孕後期需要再做一次。若在做超聲波檢查時已經發現胎兒體形偏大或胎水多的情況，或在產檢時發現小便長期含有糖份，便需要盡快安排糖尿測試，不建議等到懷孕後期才進行。

產檢項目 &Timeline 一目了然

產前檢查項目繁多，但並非每項都需要進行，這視乎每個孕媽的個人狀況而定，而且檢查的時間也會因應個人而有所調整，並無一套適用於所有人的產檢模式。一般來說，不同的產檢項目會在懷孕甚麼階段進行呢？每個項目的目的又是甚麼？在甚麼類型的醫院可以進行？以下由婦產科專科醫生為大家作詳細講解。

10 周前早期超聲波

確定預產期及懷孕位置

一般早於 10 周進行的超聲波檢查均叫早期超聲波，目的是為

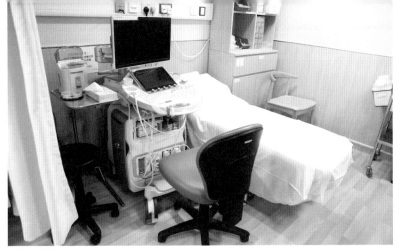

想做早期超聲波的孕媽，建議赴私家醫院進行。

了確定預產期（當寶寶出現心跳便可以確定預產期），以及確定懷孕位置是否出現偏移（從胎囊和營養圈便能確定懷孕位置）。做完早期超聲波後，可以為孕媽開一個預產期證明書，用於預約政府的產前檢查，或者作為向公司提供的懷孕證明。

非必須亦毋須過早進行

早期超聲波並非必須做的產檢項目，而且毋須過早進行，一般 5 至 6 周可以看到胎囊和營養圈，7 周時可以看到胎兒，以及監測到其心跳，若在 4 至 5 周做早期超聲波，可能連胎囊都見不到。如果孕媽沒有腹部疼痛、流血，本身健康狀況良好，之前懷孕沒有問題，以及沒有出現其他特殊情況，可以在 7 至 10 周才做早期超聲波。

出現不適需盡早安排

何嘉慧醫生建議出現以下情況的孕媽盡早安排早期超聲波：

- 出現不適，例如有腹痛、流血等症狀
- 採用人工受孕等輔助生育的情況
- 曾經試過宮外孕

除了需要警惕宮外孕，懷孕前 10 周的小產風險亦較大。有時腹中胎兒沒有了心跳，而孕媽可能無任何病症，若不及時處理，胎兒在腹中停留過長時間，可能會出現細菌感染和發炎的情況，從而影響孕媽的盆腔以及將來的懷孕，或者引發壞血病等各種疾病。除了緊急情況，否則政府較難為孕媽安排，因此想做早期超聲波的孕媽，建議赴私家醫院進行。

懷孕 10 周趨向穩定後，政府一定會為孕媽免費安排一次常規血液檢測。

10 周後常規血液檢查

必做檢測

一般在懷孕 10 周趨向穩定後，政府一定會為孕媽免費安排一次常規血液檢測，抽血檢測孕婦的紅血球、血色素、血小板、平均紅血球體積比、血型、恆河猴血型因子，並篩查出孕婦是否患有乙型肝炎 HepB、梅毒、德國麻疹、HIV 抗體，以便及時作出處理並減少對寶寶的影響。

平均紅血球體積比（MCV）

一般會透過檢測這項指標看孕媽是否有地中海貧血。香港有 8 至 10% 的人有隱性地中海貧血，若檢測出孕媽帶有隱性地中海貧血，便需要檢查先生的平均紅血球體積比：若先生並無檢測出隱性地中海貧血便毋須擔心；若準爸爸和孕媽均為同一類型的隱性地中海貧血，出生的寶寶便有機會是嚴重地中海貧血，如乙型地中海貧血，嬰兒出生後無法製造正常紅血球，需要接受輸血維持生命。所以對於有機會患有嚴重地中海貧血的胎兒，醫生會建議再做進一步檢查。

一般血型檢測除了能分出 A、B、O、AB 型，還可以檢測到恆河猴血型因子。

血型與恆河猴血型因子

　　一般血型檢測除了能分出 A、B、O、AB 型，還可以檢測到恆河猴血型因子，細分到加型血和減型血。本港大部份人多為加型血，但亦有少量的減型血，若孕媽是減型血，而先生是加型血，每次都有機會懷有加型血的寶寶，導致孕媽身體產生攻擊胎兒的抗體。第一次懷孕未必有足夠的抗體傷害胎兒，但隨着懷孕次數的增加，產生更多抗體，便有較大機會傷害胎兒，嚴重時甚至會造成胎兒的溶血症。因此，如果孕媽是減型血，醫生會考慮為其注射免疫球蛋白針，防止其產生抗體攻擊之後的懷孕。

乙型肝炎 HepB

　　感染乙型肝炎的孕媽有可能是完全無症狀的帶菌者，若在血液檢測中發現了孕媽患有乙型肝炎，為了降低感染寶寶的機率，懷孕期間可能需要服藥減少身體中乙型肝炎的抗原，並在寶寶出生後馬上為其注射免疫球蛋白。

其他

　　何嘉慧醫生指，若孕媽感染梅毒，可能會導致流產或畸胎；而孕期感染德國麻疹，則會影響寶寶的生長和結構，一般會生完這胎後注射德國麻疹疫苗，避免影響下一胎；而感染 HIV 的孕媽也可以懷孕生育，但在孕期需要做足預防措施避免傳染胎兒。

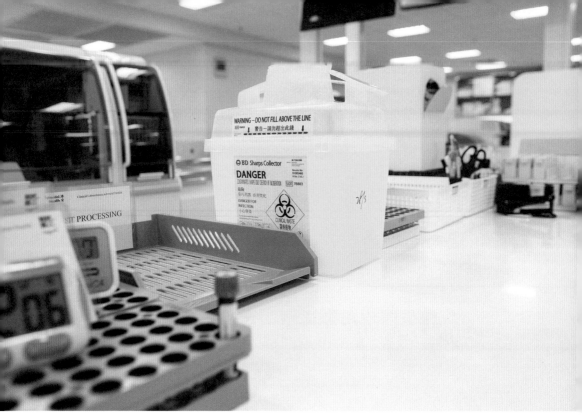

唐氏綜合症是最常見的染色體問題。

11 至 14 周唐氏綜合症篩查

傳統檢測：度頸皮、絨毛球、羊膜穿刺

　　何嘉慧醫生指，唐氏綜合症是最常見的染色體問題，即第 21 條染色體當中多了 1 條，800 個懷孕當中會有 1 個患者，預產期大於 35 歲時的高齡產婦誕下唐氏綜合症寶寶的機率較高。

　　政府醫院會為孕婦提供一次免費的度頸皮檢測，篩查出唐氏綜合症的寶寶。一般早期唐氏篩查會安排在 11 至 14 周，透過度胎兒頸皮、為孕媽抽血檢驗荷爾蒙、用孕媽的年齡計算作出篩查，一星期內可出報告。若報告顯示風險高於 1/250，便屬於高風險人群，需要作下一步的入侵性檢查，包括於 11 至 13 周進行的絨毛球（在胎盤絨毛位置抽取細胞檢測，看是否有染色體問題）以及 16 至 22 周的羊膜穿刺（抽胎水檢測），兩者均需要 7 至 15 個工作日方能出報告。

　　這是較傳統的早期唐氏綜合症檢測方法，準確率為 80 至

90%，若 16 周後才做中期唐氏綜合症檢測，準確率會下降到 60 至 70%。

NIPT 非入侵性 DNA 篩檢

目前已發展出「NIPT 非入侵性 DNA 篩檢」這項新技術，只需抽取孕媽的血液便能檢測出當中少量的胎兒 DNA，除了能檢測唐氏綜合症等染色體三體症，還能檢測性染色體相關疾病及微缺失症候群，準確率亦高於早期或中期唐氏綜合症篩查，大約 5 個工作日便能出報告，但價格較貴，孕媽可自願選擇赴私家醫院或診所進行檢測。

15 周後成長超聲波

選擇性檢查

懷孕 15 周後，到私家醫院或診所覆診的孕媽都可以安排照成長超聲波。一般照完結構超聲波再照成長超聲波，或者做完唐氏綜合症檢測、照結構性超聲波之前的期間安排也可以。孕媽可以自願選擇是否要照成長超聲波，若胎兒正常，一般一個月照一次即可。

監測胎兒生長情況

成長超聲波主要檢測胎兒的成長情況，還有胎水、胎盤等情況，可以量度胎兒的頭骨、頭圍、肚圍、大腿骨長度等。若在結構性超聲波中發現問題，例如臍帶少了一條血管，便需要安排頻密的成長超聲波。成長超聲波亦可以監測胎位，若發現胎兒頭部沒有向下，到了 35 周後再照依然沒有轉正，便需要考慮剖腹生產。

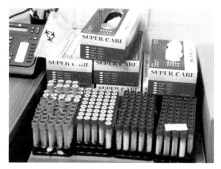

懷孕 15 周後，到私家醫院或診所覆診的孕媽都可以安排照成長超聲波。

18 至 22 周結構性超聲波

觀察胎兒結構

何嘉慧醫生表示，18 至 22 周時，胎兒的內臟和結構已經長成，可以透過結構性超聲波檢測是否有問題。一般染色體問題可以引起結構問題，但結構問題並非都由染色體問題產生，一般 100 個胎兒中會有約 2 個出現結構問題。結構性超聲波可以檢查胎兒的大小、手腳、脊椎骨發展、腦部結構、心臟、大血管位置、鼻、兔唇、裂顎、腸、胃、腎、膀胱、性器官、臍帶等問題，還有胎盤低問題——若胎盤近子宮頸，會增加流血風險，醫生會建議減少進行劇烈運動和性生活。

過遲照易看不清

一般結構性超聲波在 18 至 22 周照是最清晰的，這時器官、骨骼已形成且不擠迫，而胎兒骨骼會隨着周數增加鈣質，阻礙觀察內臟。超聲波分 2D、3D 和 4D，2D 超聲波足夠找出胎兒的結構問題，而 3D 可以清楚看到胎兒的模樣，4D 更能看到胎兒的動作，孕媽可以自願選擇是否要做 3D、4D 超聲波，一般大約在懷孕 20 至 30 周可以觀測到最清晰的胎兒模樣。

一般只做一次

　　若孕媽和胎兒情況正常，結構性超聲波一般只做一次，但如果發現問題，例如出現腎脹，在 28 周後可能會再照一次；又如看不清心臟時，便可能會安排隔 1 至 2 周照一次。結構性超聲波在政府公立醫院較難安排，院方會優先安排高齡產婦或較高風險產婦進行，因此孕媽多到私家醫院或診所進行，建議懷孕 10 周後開始預約。

28 至 30 周糖尿檢查

政府安排高危人士優先

　　何嘉慧醫生指，政府醫院會優先安排以下人士進行糖尿病檢測：

- 高齡產婦、預產期高於 35 歲的產婦
- 父母患有糖尿病的產婦
- 懷孕期間發現胎兒生長過大、胎水過多
- 懷前一胎時患有妊娠糖尿

　　何醫生稱，本港患妊娠糖尿的比例較高，一般 10 個當中會有 1 至 2 個，因此建議孕媽在約 28 周安排一次糖尿檢測，可赴私家醫院或診所進行。

飲糖水測試

　　糖尿檢查需要抽血，首先孕媽在抽血前 8 小時不能喝有糖份的飲料和進食，抽取空腹血糖後，需要飲用一碗計算好含量的糖水，待 2 小時後再抽一次血糖，觀察孕媽身體處理糖水的能力。若飲糖水後測出的血糖高於 8.5mmol/L，便屬於妊娠糖尿，孕媽或需要在家透過「篤手指」量血糖監測情況，並控制飲食，若血糖仍無法調節至正常水平，便需要注射胰島素控制。在照成長超聲波時，若發現胎兒肚腩過大或胎水過多，便需要懷疑妊娠糖尿的可能性，宜盡早安排進行飲糖水測試。

35 至 37 周乙型鏈球菌檢測

孕媽難察覺

　　自 2012 年開始，政府醫院或健康院會在臨近生產時為孕媽提供 B 型鏈球菌檢測，只需在陰道口和肛門取分泌物檢測當中是

否含有乙型鏈球菌即可。這種細菌在腸道中生長，亦會分佈於膀胱、尿道、陰道的位置，大部份帶菌者無病徵，難以察覺身體中帶有這種細菌，小部份會有細菌引起尿道發炎或陰道發炎的情況下便能被察覺，一般 10 個孕媽當中有 1 至 2 個是乙型鏈球菌帶菌者。

對寶寶造成嚴重影響

然而孕婦在生產時，乙型鏈球菌有可能會導致寶寶生病，如順產時傳染寶寶，引致早發性乙型鏈球菌感染。它可以在生產後數小時內引起寶寶發病，嚴重情況下可能會引起寶寶腦膜炎、肺炎、細菌入血、影響腎功能和呼吸，需要馬上為寶寶注射抗生素針，並建議住院監測 48 小時。因此，若能在產前檢查盡早發現帶菌者，便能在生產時為其注射抗生素，以減少寶寶感染風險。

甚麼人不用做？

何嘉慧醫生表示，以下人士可以毋須進行乙型鏈球菌的檢測：
- 以前生產的胎兒感染了乙型鏈球菌的孕媽，這類屬於高危人士，之後順產時必須注射靜脈抗生素
- 懷孕期間出現尿道炎，在檢查時發現帶有乙型鏈球菌

即使帶菌者提前服用一周的抗生素，也不能保證生產時身體沒有乙型鏈球菌，因此這類孕媽作動時亦需要注射抗生素。雖然剖腹生產的傳染風險較低，但預約剖腹產的帶菌孕媽有可能提前穿羊水和作動，這時細菌亦可以經過陰道口進入胎兒，因此這類孕媽會建議進行檢測，發現帶菌作動時便要注射抗生素。

產檢 Timeline

		孕婦注意：
7 至 8 周	早期超聲波	• 28 周後建議 2 周做一次產檢，36 周後每周做一次
11 至 14 周	常規血液檢查、唐氏綜合症篩查	• 若孕媽出現身體不適，或在產檢時發現問題，便需要調整或提前某些項目的檢查時間，具體可與醫生作商量
15 至 16 周	成長超聲波	
20 周左右	結構性超聲波	
28 至 30 周	糖尿檢查	• 並非每項檢查都必須做，可以視乎個人的狀況而定，但常規血液檢查是一項必須進行的檢查項目
35 至 37 周	乙型鏈球菌檢測	

10種孕期不適
見招拆招

專家顧問：陳耀敏 / 婦產科專科醫生

　　婦女在懷孕期間，身體會出現許多變化，從而令孕婦出現許多不適，例如孕吐、食慾不振、尿頻、皮膚痕癢、小腿抽筋、靜脈曲張、腹脹、浮腫、睡眠不足及腰痠背痛等，令她們感到非常不舒服。本文婦產科醫生為大家見招拆招，提供改善方法，幫助孕婦踢走不適。

懷孕期有甚麼不適？

　　雖然懷孕是一件開心事，但過程中孕婦需要面對許多因懷孕而帶來的不適，例如腹脹、食慾不振、皮膚痕癢、抽筋等。今次訪問了 4 名懷孕周期不同的孕媽媽，讓她們分享所面對的問題，以及如何拆解問題。

Case 1：出現 6 種不適

懷孕期：25 周　　Teresa

　　「我從剛懷孕至現在，都有一些不舒服，例如小腿抽筋、皮膚痕癢、沒有胃口、嘔吐、手部麻痺及痔瘡等，這些不適主要在懷孕早期發生。由於懷孕初期易感到疲倦，所以，我都盡量爭取時間臥床休息，不太能工作。至於嘔吐方面，始終解決不到，導致胃口欠佳，因此，令我體重下降，整個人消瘦了。皮膚痕癢方面，我會塗一些保濕潤膚膏，用了一段時間，情況有改善。至於手部麻痺方面，我則戴了護腕來保護雙手，改善麻痺的情況。」

Case 2：孕吐辛苦依然返工

懷孕期：23 周　　Wendy

　　「懷孕期間都有不舒服，主要是胃部感到不舒服，以及會作嘔，通常當不舒服的時候，我便會吃點食物，讓胃部有飽足感，便可以減少作嘔的感覺，而我多數會選擇吃些小食，例如水果、薑或是孕婦多喜歡吃的話梅或乾果等。通常作嘔最辛苦的時候，應該是坐巴士的時候，又暈又反胃，於返工放工時都特別厲害，雖然如此，我依然有返工，每當感到不舒服，便會吃些薑、乾果來止嘔，只要吃了這些東西便沒有問題。作嘔得最嚴重是懷孕最初 4 個月，之後便正常，沒有其他不舒服的地方。」

Case 3：孕吐、水腫、睡眠差

懷孕期：32 周　　Wing

　　「我記得在懷孕第 7 至 9 周時，感到沒有胃口，即使是感到肚餓，但看到食物又沒有食慾，即使是喝清水，也會想作嘔，當時很不舒服。另外，雙腳出現水腫，在睡覺時更出現抽筋的情況，加上肚子越來越大，在種種問題下，我的睡眠質素都受到影響。

後來我發現吃味道較酸及流質的食物，我的胃口會較好，於是便多吃番茄、番茄薯仔湯及粟米湯，以及以檸檬水及果汁來代替清水，飲食問題得到改善。至於雙腳的問題，我先生替我按摩，幫助鬆弛，睡覺時利用枕頭承托雙腳，都很有幫助。另外，我會多吃含鈣的食物，並利用孕婦枕頭來進行些孕婦運動，對於改善雙腳抽筋及水腫效果不錯。」

Case 4：兩胎受妊娠紋困擾

懷孕期：27 周　　Mercury

「懷孕最初 4 個月嘔得最厲害，胃口比較差，特別是在晚上，更加不想吃飯。當時真的嘔得很厲害，體重也下降了 4 至 5 千克。至於皮膚方面，則沒有甚麼問題，並沒有痕癢，亦沒有腹脹的問題。但我的妊娠紋較為多，生第一胎時都有此問題，今胎在懷孕第 5 周開始，肚子便感到痕癢。近期開始感到疲倦，雙腿有疲累的感覺。至於我如何解決這些問題，嘔方面我沒有怎樣處理，過了 4 個月情況便改善。至於妊娠紋方面，今次我有塗妊娠紋油，每晚先生及兒子幫我塗，效果理想。可能有上次的經驗，我今次較為緊張，常常檢查胎水、有沒有異常出血等。」

孕痛

食慾不振

懷孕常見 10 大不適

孕婦常見的 10 種不適，主要包括有孕吐、食慾不振、尿頻、皮膚痕癢、小腿抽筋、靜脈曲張、腹脹、浮腫、睡眠不足及腰痠背痛，現在由婦產科專科醫生陳耀敏為大家拆解。

問題 1：孕痛

出現時間：懷孕第 6 至 8 周

原因：主要原因是婦女在懷孕後荷爾蒙出現變化，令到她們出現孕吐的情況。一般而言，到了懷孕第 12 至 14 周，孕吐的情況便會減少。當孕婦出現孕吐時，情況不嚴重的，每天嘔吐 2 至 3 次，這類孕婦仍然可以進食及飲水。但孕吐情況嚴重的孕婦，她們進食後便立即嘔吐，所以，她們的皮膚會較乾，出現脫水的情況。這樣會影響孕婦身體的電解質，如情況嚴重的，可能需要入院治療。

解決：如果孕吐情況不是太嚴重的話，只要服用經醫生處方的止嘔藥來止嘔，便可以解決問題。孕婦千萬別自行於坊間購買止嘔藥來服用，必須服用經醫生處方的藥物，避免影響健康。倘若孕婦孕吐厲害，甚至出現脫水，便需要入院治療，醫生會為其補充水份，以及吊鹽水，亦可能會為孕婦注射止嘔針藥。

孕婦嘔吐需要排除其他因素，因為尿道炎也有機會導致孕婦出現嘔吐。此外，甲狀腺問題，也是另一個導致孕婦嘔吐的原因。最重要孕婦不要胡亂服藥，有問題應尋求醫生意見，進行檢查，找出原因，進行適當治療。

尿頻　　　　　　　　　　　　　　　　　　　皮膚痕癢

問題 2：食慾不振

出現時間：懷孕第 6 至 8 周

　　原因：導致孕婦食慾不振與她們懷孕後荷爾蒙出現變化有關。這個轉變會令孕婦感到胃部有脹脹的感覺，覺得有很多胃氣。因此，很多孕婦於懷孕初期出現食慾不振，特別是見到些不好的食物時，孕婦更加會食不下嚥。在懷孕期孕婦會較為敏感，只要食物的味道稍為濃烈，都會令她們產生抗拒，出現反胃的情況，這是一種保護機制，避免孕婦把壞的食物吃下，影響健康。

　　解決：這種嘔吐情況在懷孕期間是很常見的，但並沒有止嘔藥能治療這種嘔吐問題。孕婦可以選擇些較乾及味道較清淡的食物，它們可以減少孕婦出現這種嘔吐情況。另一原因導致孕婦食慾不振，可能是懷孕初期較疲勞，所以胃口較差。其次是患產前抑鬱的孕婦，她們也會常感到疲倦，從而影響食慾。所以，如果發現孕婦常感疲倦，家人便要找出原因，究竟她們是否患有產前抑鬱。

問題 3：尿頻

出現時間：懷孕初期及後期

　　原因：當婦女懷孕後，其子宮會不斷脹大，而膀胱位處於子宮前方，當子宮不斷脹大，便會頂着膀胱，把膀胱壓着，這時便會出現尿頻的情況。通常在懷孕兩個月左右，子宮便會開始頂着膀胱，出現尿頻的現象，至懷孕中期情況會稍為改善，此時已過了子宮壓着膀胱最嚴重的時期。但是到懷孕後期，又會再出現尿

頻的現象。

另一原因導致孕婦尿頻，便是孕婦患上尿道炎，當她們小便時會感到疼痛，亦會出現嘔吐、尿道發炎，影響孕婦的情緒。

解決：於白天即使孕婦尿頻，問題亦不太大，但晚上睡覺時尿頻，問題便會較為嚴重，睡覺時需要不停起床上洗手間，這樣便會影響孕婦的睡眠質素，直接影響她們的健康。建議孕婦於晚上減少飲水，盡量在白天飲水。很多人習慣於晚飯期間飲湯，孕婦便應該暫時改變這習慣，改為午餐時飲湯，這樣便可以減少在晚上喝下太多水份，導致睡覺時需要不斷起床上洗手間。

問題 4：皮膚痕癢

出現時間：懷孕中期

原因：導致孕婦出現皮膚痕癢的原因，主要是因為婦女於懷孕後，其荷爾蒙出現變化，因而導致她們的皮膚變得乾燥，令孕婦感到痕癢。另外，有些孕婦皮膚上會長出些紅點，這些是與懷孕有關的紅疹。此外，還有些疹子能反映孕婦的身體狀況的，出現這些疹子，主要是孕婦出現膽汁瘀滯，它們令孕婦感到全身、手掌及腳掌痕癢。

腹脹

浮腫

解決：如果只是一般的皮膚乾燥痕癢，孕婦可以塗抹些具保濕功效的潤膚膏，並可以使用為濕疹肌膚而設的沐浴露。倘若是長出與懷孕有關的紅疹，孕婦便需要塗經醫生處方的特別止痕藥膏，如果情況嚴重的，甚至需要塗抹含類固醇的藥膏。至於因膽汁瘀滯所致的疹子，便需要經醫生抽血檢查，才能為孕婦評估病情。一般而言，懷有孖胎出現這種疹子的機會較大。這種疹子會突然出現，並沒有某類孕婦的風險較低的。

問題 5：腹脹

出現時間：懷孕中期

原因：懷孕期腹脹是正常現象。當婦女懷孕，她的子宮會越來越大，當子宮非常大的時候，孕婦的肚亦會變得很大，大如一個球，子宮在上面脹大的同時，它會向上推，連同腸臟一併向上推，這時，當孕婦吃飽後，便會令肚腹更加脹大起來，令腹脹的情況更加明顯。另外，某些食物也會令進食者出現腹脹的，所以，當孕婦進食這些食物後，腹脹情況會更加明顯。由於懷孕期婦女常出現便秘，如果 3、4 天沒有排便，孕婦腹脹情況亦會非常明顯。

解決：如果孕婦出現便秘，3、4 天都沒有排便的話，孕婦可以服用益生菌來調理腸胃，藉此幫助排便，改善便秘問題。另外，孕婦可以留意自己的飲食習慣，是否在進食某些食物後，會出現腹脹的情況，如果有這情況的話，便應避免進食該類食物。一般而言，茶、豆、豆奶較容易導致腹脹，孕婦應多留意自己的飲食習慣，揀選適合的食物進食。

睡眠不足   腰痠背痛

問題 6：浮腫

出現時間：懷孕中期

　　原因：導致孕婦出現浮腫的原因，主要是懷孕期婦女的荷爾蒙出現轉變，令她們的身體儲水量較平日多，這是正常的現象。當體內水份增多，便會令孕婦的雙腳、雙手及面部出現浮腫的情況。

　　解決：首先要了解孕婦出現浮腫是否由其他疾病造成，或只是一般懷孕期的浮腫。血壓高、蛋白尿、妊娠毒血症等，也有機會導致孕婦出現浮腫。孕婦需要留意當出現浮腫時，有沒有伴隨其他不適，例如有沒有疼痛的感覺，如果有任何不適，應該盡快求診，讓醫生檢查清楚，找出致病原因。孕婦應於懷孕中期開始，定時量度血壓及驗小便，當有問題便可以盡快醫治。

問題 7：睡眠不足

出現時間：懷孕中期

　　原因：於懷孕初期，孕婦睡眠質素尚未受很大影響，但當她們的腹部逐漸脹大，荷爾蒙受到影響，加上子宮越來越大，導致尿頻，當孕婦每晚都要不停起床上洗手間時，便會影響其睡眠質素。到懷孕中期，胎兒越來越大，孕婦總感到採用哪種睡姿都不舒服，同時覺得全身肌肉都很疼痛，這樣也會影響她們的睡眠質素。

　　另外，患上產前抑鬱的孕婦，她們的睡眠質素也很差。一些

小腿抽筋　　　　　　　　　　　靜脈曲張

缺乏運動的孕婦，由於她們缺乏運動，所以睡眠質素也會受影響。

　　解決：孕婦應該盡早上床睡覺，每晚應該在十時前上床就寢，原因是孕婦未必能上床後立即入睡，所以早點上床，可以給自己更多休息時間。日常也應該做適量運動，運動能夠有助改善睡眠質素。如果孕婦始終改善不了睡眠質素，可以服用經醫生處方的睡眠藥，這種睡眠藥並非一般人服用會上癮的睡眠藥，所以，孕婦不用擔心。懷孕會令婦女感到疲勞，最重要是調節作息時間，爭取休息時間。

問題 8：腰痠背痛

出現時間：懷孕中期

　　原因：當婦女懷孕後，子宮會不斷脹大，負荷增加，使她們感到肌肉不適，令孕婦感到辛苦。加上孕婦錯誤的坐姿及站立姿勢，加重了骨骼的負荷，便會令她們出現腰痠背痛的問題。此外，懷孕期荷爾蒙變化，導致韌帶變得鬆弛，這樣很容易便會被拉傷。其次，孕婦缺乏運動，都會導致腰痠背痛的問題出現。

　　解決：即使是懷孕，婦女也應該進行適量的運動，不要整天坐着不動，這樣會影響健康，現時網上有許多頻道教授孕婦做運動的，孕婦可以跟着當中的教練進行，不過，孕婦也要因應自己的情況及能力，千萬別勉強。另外，孕婦需要注意自己的坐姿，當坐着起來時，宜找些物件支撐着才慢慢站起來，當需要蹲下再

站起來時，也要採用正確的姿勢，避免一下子立即起來，弄傷腰骨。

問題 9：小腿抽筋

出現時間：懷孕中至後期

　　原因：孕婦出現小腿抽筋的情況是非常普遍的。懷孕期間，婦女會出現手腫腳腫的情況，這情況會影響她們的血液循環。導致這樣的主要原因，是孕婦缺乏運動，因此肌肉便會麻痹。另外，由於孕婦腹部給胎兒壓著，她們坐着時可能會傾側向某一方，長時間這樣坐着的話，便會導致肌肉麻痹。於冬天的期間，由於血液循環不佳，會令到雙腳冰凍，雙腳麻痹。

　　解決：如果在冬季；孕婦最重要的是保暖，可以考慮穿着襪子，改善雙腳的血液循環；亦可以為雙腳進行按摩，按摩能夠幫助雙腳血液循環。此外，雖然是懷孕，但孕婦也不應該長時間坐着不動，因長時間坐着會影響健康。孕婦宜進行簡單、適度的運動，能夠幫助血液循環，防止肌肉出現麻痹，並且減少出現抽筋的情況。

問題 10：靜脈曲張

出現時間：懷孕中至後期

　　原因：導致孕婦出現靜脈曲張的原因，是因為胎兒越來越大，為孕婦雙腳帶來壓力，使她們的血液循環不通，便會脹起來。加上懷孕期間血管放鬆，靜脈曲張的情況會更加明顯。可能孕婦擔心靜脈曲張影響外觀，其實不用太擔心。反而孕婦需要留意出現靜脈曲張時，是否感到疼痛，或只是其中一邊感到疼痛，擔心出現併發症，如果有此問題，應該尋求醫生檢查及治療，找出真正的原因，給予適合的治療。

　　解決：孕婦可以穿着壓力襪，令血液能夠從下流向上，讓血液能從腳流回身體，減少靜脈曲張的情況。孕婦亦可以在睡覺時，利用枕頭承托雙腳，讓雙腳着高於心臟，對於改善靜脈曲張有幫助。孕婦需避免長時間坐着或站立，閒時應該做適當的運動，能夠幫助血液循環。此外，孕婦應避免採用仰臥方式睡覺，這方式會減少下肢血液回流。

瞓啱姿勢
踢走孕期失眠

專家顧問：駱靈岫 / 婦產科專科醫生、谷宛霖 / 註冊物理治療師

　　不少孕媽在懷孕期間都受失眠的問題所困擾，影響了她們的生活，究竟孕期為甚麼會容易失眠？本文由婦產科專科醫生和大家講解懷孕期間失眠的原因，並由物理治療師教孕婦懷孕初、中及後期，怎樣睡姿會比較舒服；針對孕婦常見症狀，應分別採用甚麼睡姿睡覺，以及列舉哪些物品可以輔助她們入睡。

懷孕前期 荷爾蒙改變

不少孕媽在懷孕期間均會出現失眠的問題，婦產科專科醫生陳駱靈岫解釋，懷孕前期即 10 至 12 周時，失眠的成因有很多種，主要是身體內荷爾蒙分泌的改變，孕媽出現的妊娠反應而引致不適，例如乳房的脹痛，小便頻密、嘔吐、肚痛、背脊痛、胃酸倒流、嚴重胃氣、呼吸困難等，由於嘔吐的緣故，令她們已沒有胃口進食，也會導致出現缺水及失眠的情況；由於子宮的脹大壓住膀胱，令孕媽常會感到尿急，這情況雖然在早期較為常見，但也很快過渡，當懷孕至中段，情況便得以改善，但切記即使是失眠令孕媽感到好困擾，也千萬不能吃安眠藥，陳醫生建議孕媽可在每一晚的同一時段吃一點食物，讓身體習慣了便能改善。但記住臨睡前不要繼續看手機、電視及平板電腦，均是會影響睡眠質素。

除此之外，黃體酮攀升引致日間睡眠增加，而導致晚上睡覺時常中斷。有研究指出在懷孕的第一期，非快速眼動睡眠 Non rapid eye movement (NREM) sleep 最低的第一期增加，而最深層的第三層減少，所以失眠情況較為嚴重。

懷孕中期 緊張情緒影響心情

孕媽懷孕到中期即是由 13 周至 27 周零 6 日，這個時期作嘔、作悶的症狀相對開始減少，孕媽的身體也開始習慣荷爾蒙和懷孕症狀，睡眠質素相對比早期好。雖然肚子開始增大，但也不足以引致嚴重的不適。陳醫生指出，孕媽晚上偶然也會需要上洗手間，主因和早期一樣，均是子宮脹大壓住膀胱，而出現了尿急的情況。另外，腹部的壓力增大也會影響血液循環，導致腰痠背痛或下肢抽筋等問題。

懷孕中期失眠的另一原因，孕媽開始緊張胎兒越來越大，便會常常留意胎兒在肚內的郁動情況，煩惱胎兒能否順利吸收營養、器官發展是否完善，令自己越來越緊張，加上受荷爾蒙的改變影響下，孕婦可能會引致焦慮症或者發噩夢，這情況通常會在生育後便會慢慢減退。陳醫生表示，但有一點要注意，便是孕媽可承受的緊張程度，如果心理壓力大而導致失眠，可能代表早期焦慮症或憂鬱症的症狀。這亦有改善的方法，陳醫生建議孕媽可在臨睡前，聆聽胎教音樂來穩定媽咪情緒，避免在睡前看刺激情緒的影片或書籍，也不要在睡前使用手機，以免手機散發出的藍光會

早期懷孕出現的妊娠反應如嘔吐，當懷孕至中段，情況便得以改善。

影響睡眠質素。

懷孕後期 仰睡飽肚抽筋難入睡

懷孕後期是指 28 周零 5 日開始，當胎兒到達 37 周或以上便是足月。陳醫生稱，在這個時期最常見失眠，首先是因胎兒壓着膀胱，令孕媽需要半夜上洗手間； 第二個常見的原因是胎兒越來越大，孕媽很難找到一個舒服的睡姿，建議孕媽以左側睡較為理想，但很多時孕媽是不習慣打側睡，所以需要早一點調節，也可以在早期懷孕時，嘗試左側睡，當到了後期習慣了便容易入睡；第三點是吃晚飯後，在飽肚時便上床睡覺，這可能會引發胃食道逆流，病情嚴重者會感到胸悶、胸腔灼熱，影響睡眠質素。

陳醫生稱，懷孕後期胎兒在成長時越來越容易吸收孕媽體內的鈣質，如果孕媽未攝取足夠的鈣質及電解質，以致不平均或是不足夠，半夜時份便會很容易出現雙腳抽筋的症狀，令睡眠情況更差。若要改善抽筋的症狀，孕媽可視乎情況，補充適量的鈣片或鐵質，但最有用的方法便是到戶外曬太陽，只要避開正中午這段時間，就能在不被曬傷的情況下，大約步行 15 至 20 分鐘，使身體自然能合成維他命 D，進而獲得鈣質，還可增強骨骼，同時避免飲用有咖啡因的產品，包括咖啡、茶或提神飲品，保持食用高蛋白質的食物。

懷孕初期 多個關節變寬

懷孕期間的孕媽最容易便是失眠，尤其是孕婦懷孕初、中、後期的體型及骨架的變化更有機會出現這情況，究竟如何改善懷孕期失眠，現在便請來香港註冊物理治療師谷宛霖，建議孕媽合適的睡姿以及輔助物品。最後，更會就肩頸痛、背痛、下腰及骨盆痛、水腫 4 個症狀建議合適的睡姿。

懷孕初期 關節移位

隨着懷孕周數增加，肚子開始逐漸隆起，大部份孕婦在懷孕期間都會出現不同程度的疼痛，究竟為何會這樣呢？物理治療師谷宛霖指出，未懷孕婦女的兩片恥骨間正常距離應該是 4 至 5 毫米，懷孕 4 周起，孕媽的身體開始分泌荷爾蒙，使兩者間距離增加多 2 至 3 毫米。因此在懷孕時，若恥骨間寬度在 9 毫米之下屬正常水平，若超出 9 毫米，則屬恥骨過份分離，會引致劇烈痛楚。

受「鬆弛素」影響

谷宛霖表示，我們可先了解人體的結構，骨盆是由骶骨、尾骨和左右兩塊髖骨組成，若未懷孕的婦女，骨盆關節沒有活動，所以不會出現疼痛，但懷孕初期大約 10 周時，卵巢分泌一種叫做「鬆弛素」的物質，鬆弛素使骶髂關節和恥骨聯合的纖維軟骨，以及韌帶變得鬆弛柔軟，骶髂關節和恥骨聯合變寬、活動性增加，雖然是有利於分娩時胎兒通過骨產道，但如果韌帶過度鬆弛，孕婦在行走、坐立、上下樓梯時，骨盆的各骨頭便會出現移位，引起恥骨和骶髂關節疼痛，嚴重時疼痛還會放射到大腿根部或會陰部，甚至造成孕婦行動困難，其實這也有可能是懷孕期缺鈣，可能要添加補鈣。

注意睡姿對骨盆施壓

懷孕初期，胎兒在母體盆腔內，仰睡或側睡都不會特別壓迫到下腔靜脈。谷宛霖稱，這個階段可隨意選擇睡眠姿勢，只要舒適便可。可選擇軟硬度適中的床褥，除了有堅固承托力能支撐背、腰和腿部的肌肉外，同時能包裹着肩膀和臀部，令到全身肌肉在睡眠期間能完全放鬆。睡覺時，孕媽的睡姿也是對骨盆有壓力，如果孕媽喜愛雙腿伸直仰臥，便要留意床褥是否有足夠承托力，能否完全承托背部，讓頸椎、胸椎、腰椎及雙腳成一直線，亦建議於雙膝下墊軟枕頭，令到雙腳微彎，放鬆腰部及小腿肌肉。

建議雙膝下墊軟枕頭，令到雙腳微彎，放鬆腰部及小腿肌肉。

雙腳夾軟枕減骨盆受壓

　　喜愛側睡的孕媽則要留意床褥會否過硬形成受壓點，要留意鼻樑、頸椎、胸椎、腰椎能否成一直線，由於身體的重量均集中在腰部，最好於雙腳之間夾軟枕頭，這樣可以減少對骨盆的壓迫，放鬆下腰及骨盆位置。雖然有很多孕媽也有趴睡的習慣，但已有身孕便要避免趴睡，改為嘗試側睡，以免懷孕中後期因無法趴睡而影響睡眠質素。

合適床品有助放鬆

　　雖然以上提及的孕期骨架變化難以避免，但谷宛霖表示，孕婦可以做的是選擇合適的床褥、枕頭、輔助物品，讓肌肉於睡覺時徹底放鬆。很多人會以為睡覺時肌肉會自然放鬆，其實並非如此，不足夠的翻身空間，不合適的床褥和枕頭，不良的睡姿，以及經歷淺眠期及做夢期時，都會令到肌肉變得繃緊。一般來說，健康成人一個晚上至少會翻身 2 至 3 次，平均每兩小時就會翻身 1 次。因此，我們要確保床鋪有足夠的翻身空間，如果寬度有 1.5 米便較理想，也要確保床上沒有太多雜物，以及盡可能不要靠着牆壁睡。有些孕媽因骨盆痛，在日間時會使用孕媽專用的托腹帶來固定恥骨聯合，減少活動時移位，並減輕痛楚，建議晚上臨睡前最好是脫掉，以免因為身體移動時姿勢改變，導致托腹帶扭轉，從而壓迫腹部。

懷孕中期 腰痠背痛在所難免

孕媽在孕期中期，最常見的便是開始感到腰背痛，這是由於骨盆內的變化所引致，較多孕媽媽會因骨盆變化而感覺到恥骨痛，這種痛有些孕媽在早期已開始出現，到了懷孕中期，肚子變大後更會出現水腫、頻尿、骨盆疼痛或腰痠背痛等徵狀。

睡姿及用品可改善痛楚

由於身體上的改變，腰部及背部肌肉所承受的壓力而引起疼痛，加上孕媽可能未能採用以往習慣的睡姿，以致難以入睡。其實孕婦在懷孕期間應該多注意休息，尤其是在懷孕 6 至 8 個月期間，這個時候由於胎兒的逐漸增大，孕婦的活動也就越來越笨拙以及受到限制了，可以便坐下來休息，以緩解腹部以及腰部的疲勞。谷宛霖表示，但是在坐下時要注意，應該盡量地直立後背，並且給後背一個很好的支撐，這樣可以避免腰部用力。雖然說要多休息，但是也不要長時間的臥床休息，這樣勢必會導致盆骨痛的情況更加明顯。

避免提舉及推重物

同時還要注意避免提舉或推重物，這些都會讓孕婦腰部疼痛的症狀更加明顯。由於懷孕期間有荷爾蒙變化，使關節變鬆。胎兒的成長，嬰兒體重增加，令孕媽脊椎承受負擔，若一些孕婦有腰痛的舊患，亦有可能會在此時復發，感到腰背會有微痠、痠痛的感覺，除了可以持續做一些簡單的運動，保持坐姿良好外，也可以從睡姿及借助用品來改善痠痛感覺。

孕媽盡量減少平躺

隨着懷孕周數的增加，孕媽睡覺時應盡量避免壓迫到腹部，所以不建議趴睡。谷宛霖指出，懷孕中期較早時，如果肚子大得比較慢，睡覺沒有喘不過氣、胃沒有被頂住的感覺，可以不用轉睡姿，等肚子明顯變大才調整成左側睡或右側睡，只要覺得舒適，可以繼續保持仰睡。但在 16 周後較晚時，肚子增長比較明顯，建議孕媽盡量減少平躺，因子宮的重量會加重壓力到脊椎、背部肌肉、腸道等器官上，有機會導致背痛、痔瘡、呼吸不暢順等情況，還有子宮會壓迫到下腔靜脈，導致下半身的靜脈無法順利回流，造成血壓下降、心跳加快，連帶影響到子宮血流循環，可能會造成寶寶缺氧等。

胎兒逐漸增大，孕婦活動受到限制，可坐下來休息，以緩解腹部以及腰部的疲勞。

使用抱枕墊肚作支撐

　　而懷孕中期若孕媽常以左側的睡姿，更可使「浮腫」狀況減輕，谷宛霖建議孕媽開始慢慢訓練自己左側睡，當慢慢開始習慣後，到懷孕後期時採用左側睡，將更容易入睡。側睡時建議準備一個「長型抱枕」或「月亮枕」墊在肚子底下支撐，再用雙腳夾住枕頭分散壓力。孕婦視乎情況需要，亦可用小枕頭靠背，以穩定身體重心及促進血液循環。

暫不需強求左側睡

　　由於平躺的時候，子宮或壓迫身體器官，讓孕媽感到不適，因此大部份孕媽會選擇側躺的方式睡覺。事實上，孕婦在睡覺的時候不可能保持固定的睡姿，所以孕媽可以選擇合適自己的睡姿，暫時不要強求自己一定要左側睡。此外，若沒有其他症狀，孕媽仍可以偶爾仰躺，但需留意仰躺可能會影響血液回流，造成腿部會出現水腫或靜脈曲張，建議可在雙腿下方墊柔軟的小靠枕來減緩不適。

懷孕後期 最佳睡姿左側睡

　　到了懷孕後期，由於子宮變得越來越大，身體重心向前傾，為了保持平衡，孕婦的頭和雙肩均會向後傾，這便形成了腹部向前凸而形成脊椎前彎，加劇了腰部的疼痛及肌肉痙攣，因此建議

孕媽盡量保持最恰當的睡姿，便是左側睡。

左側睡有利胎兒成長

谷宛霖認為，基本睡姿離不開是仰睡、右側睡、左側睡，仰睡便對胎兒有某程度上的壞處，右側睡亦不及左側睡好。先說仰睡的問題，平躺時下腔靜脈會受到壓迫，導致下半身的靜脈無法順利回流，造成血壓下降、心跳加快，較易引起低血壓、頭暈、四肢無力等問題。另外，也會連帶影響子宮的供血量，使胎盤血流減少，嚴重時可能令胎兒缺氧。

大部份女性子宮右旋

谷宛霖指出，大部份情況下，女性的子宮天生右旋，因此右側睡同樣會壓迫到下腔靜脈，影響血液回流。相反，左側睡可糾正增大子宮天生的右旋，能減輕子宮對下腔靜脈的壓迫，增加血液回流到心臟。血液循環有所改善，保障了對胎兒的血液、氧氣、營養輸送，對胎兒的生長發育有利，也能減輕懷孕後期孕媽的水腫問題，正因如此，若體內循環好，也會有助提升準媽媽的睡眠品質。

抱枕有助安睡

谷宛霖解釋，之前已提過，側睡時建議準備一個「長型抱枕」或「月亮枕」墊在肚子底下支撐，然後用雙腳夾着枕頭分散壓力。視乎情況需要，亦可用小枕頭靠背，以穩定身體重心及促進血液循環。值得留意的是，也有少部份女性的子宮天生左旋，這種情況下切忌左側睡，反而應採取右側睡。另外，如果不習慣左側睡，或覺得左側睡不好入眠，其實左右輪流睡的睡姿都可以，睡得舒適最重要，不必給自己太多限制。

人體頸椎有正常生理弧度

有關睡眠的輔助物品，除了以上提及的「長型抱枕」、「月亮枕」、軟枕頭外，也可以充分利用摺疊的毯子、厚毛巾及棉被等。同時要留意選擇一個合適的枕頭，因為人體頸椎有正常生理弧度，側睡時枕頭的高度及硬度會比仰睡時高，高度大概是耳朵到肩膀的寬度，而合適的枕頭高度可以令到頸椎、胸椎與腰椎連成一直線。

谷宛霖續稱，孕婦在選擇枕頭時要以可維持頸椎自然弧度、承托力適中為原則，讓頭部和頸椎獲得完整支撐，肌肉能夠完全

放鬆。在最後的部份，步入懷孕中後期時，孕婦會開始明顯感受到胎動，胎動有機會令到睡眠不安穩。有時候，為了令到胎兒安定下來，孕媽亦要在睡眠期間採取不同的睡姿。

四種不同情況採用不同睡姿

❶ **肩頸痛：** 肩頸痛時，可選擇仰睡或側睡，重點是完全承托頭部和頸椎，避免周遭肌肉產生負擔，無論是平躺或是側臥都要將枕頭「躺好躺滿」。

❷ **背痛：** 左側睡或右側睡，兩手手肘前後交疊、自然彎曲，雙腳之間夾一個軟枕頭，上方腳膝關節彎曲成九十度，下方腳則伸直。側臥時上方膝蓋大幅彎曲可以幫助骨盆旋轉，讓腰椎保持正常弧度。

❸ **下腰及骨盆痛：** 左側睡或右側睡，兩手手肘前後交疊、自然彎曲，雙腳之間夾一個足夠厚度的枕頭，雙腳自然曲膝。枕頭最好可以直放，從大腿承托至小腿。在雙腳間夾枕頭可以幫助髖關節打開，使骨盆保持向前傾位置，充分放鬆腰椎及骨盆肌肉，紓緩痛楚。

❹ **水腫：** 仰睡，在膝蓋到小腿下方墊兩個枕頭，睡覺時讓腿部高於心臟水平可以促進血液回流，讓腫脹的腳比較舒服。由於在不同懷孕時期有特定的建議睡姿，若果有以上四個情況發生而又未能採用該姿勢，建議孕媽可以在非睡眠時間維持相應睡姿休息半小時至一小時，以紓緩痛楚及不適。

孕期失眠 Q & A

Ⓠ 懷胎已有 6 月，一直以來習慣右側臥的姿勢，發覺腳和腿部容易浮腫，有時出現失眠的情況，是否和睡姿有關，有何改善方法？

Ⓐ 睡姿是否和腳腫有關，就並不一定相關連。但睡姿和失眠則是有關，當胎兒越來越大，醫生會建議孕媽左側臥睡，能幫助增加血液回流到心臟。右側臥睡可能會令一些孕媽出現頭暈或是氣喘；另有些孕媽需要改變以往的睡姿，也會導致她們失眠。此外，胎兒越來越重，孕媽在轉身時，也會因為不適應而睡醒，也有機會胎兒的胎動踢醒了孕媽。孕媽有腳腫的情況，可以用枕頭墊高雙腿或者按摩小腿，若腳腫嚴重，便一定要諮詢醫生，檢查清楚會否是妊娠毒血症。

Q 懷孕 4 個月已出現失眠，聽朋友說側睡才能供血及營養給胎兒，是真的嗎？本人是用仰臥睡姿，試過側睡，但為何總是難以入睡？

A 沒錯！睡姿是會令到孕媽失眠，因為孕媽要習慣一個新的睡姿，而醫生均會建議孕媽打側睡，若孕媽以往不是側睡，以仰睡為主，對她們來說便很不習慣，失眠情況會較為嚴重，聽朋友說側睡才能供血及營養給胎兒，是對的，因為左側臥睡能減輕子宮對下腔靜脈的壓迫，增加血液回流到心臟，對胎兒的血液、氧氣及營養輸送均較理想，若孕媽體內循環好，也會有助提升她們的睡眠品質。

Q 不知是否失眠是否與荷爾蒙有關，醒後便不能入睡，常常出現失眠的情況，是否所有孕婦都會是這樣？是否和睡姿有關？有何改善方法？

A 失眠是否與荷爾蒙有關這點是對的，失眠和荷爾蒙是有直接關連，尤其是懷孕到後期，更會出現這種情況，醫生會建議孕媽一個定時的作息及起床的時間，臨睡前最好吃一點東西或是飲一杯牛奶，孕媽便不會因為肚餓而導致失眠。若半夜起身後真的是難以入睡，千萬不要使用電腦、電視及手機，因這些電器用品，只會令孕媽更難入睡，不妨看看書本或雜誌，讓心境平和及放鬆，均有助入睡。

Q 一直以來都是趴着睡覺，現在有孕 3 個月，知道不能再趴着睡覺，但常出現失眠，請問可以繼續趴着睡嗎？會影響到胎兒嗎？若不可以趴着睡，又有何解決方法讓我可安睡？

A 懷孕首 3 個月，子宮還是很細小在盤骨內，因此趴着睡，影響不會很大，但過了 3 個月後，子宮越來越大，建議不要趴着睡，因為懷孕到了中及後期，胎兒的長大，趴着睡也會令孕媽感到不適，而且這時胎動也會較明顯，趴着睡只會增添不適的感覺，孕媽可以嘗試找一個新的姿勢，是令她覺得舒服，也可以於雙腳之間放一個軟枕頭，墊着背部和肚子，令孕媽得到紓緩，雖然有很多孕媽也有趴睡的習慣，但中後期真是要避免趴睡，嘗試側睡，以免影響睡眠質素。

寒底、熱底孕媽
補身有宜忌

專家顧問：徐思濠／註冊中醫師

女性一旦發現懷孕，便會在飲食方面着手調理身體，讓腹中胎兒健康成長。可是各孕媽對於自己體質又知幾多？寒底、熱底的孕媽於懷孕期間有何須知？本文請中醫師詳細説明。

寒底 vs 熱底究竟點分？

在中醫角度會把人分為不同體質，大家最常接觸的是寒及熱底體質。究竟婦女在懷孕後體質又會出現甚麼變化？孕婦了解自己是甚麼體質又有何好處？現由註冊中醫師徐思濠給大家講解。

隨生活飲食變化

徐思濠中醫師表示，人是依據飲食、年齡、生活習慣、居住環境而產生不同的身體狀況及產生變化。而大家常聽到的寒、熱體質只是一般常提及的稱呼，其實還可以分有不同的體質。即使是熱性或寒性體質，也可分為偏熱或偏寒的體質，有不同程度之分。

很多人會認為一個人屬於寒性體質，便永遠是寒性體質，屬於熱性體質，便永遠是熱性體質，這想法便不對了。人會隨着生活變化，而令體質出現轉變，所以，人不會永遠是同一種體質，婦女在懷孕後體質也有機會出現變化。

不只寒熱體質

徐醫師說除了寒性及熱性體質外，還有其他不同類型的體質：

體質	特徵
平和性體質	平和體質
氣鬱性體質	情緒鬱結、周身痛症
痰濕體質	肥胖、手腳四肢腫、水腫、消化不良、容易出現屙嘔
特品體質	身體較虛，對於很多東西都會產生敏感，從而產生敏感反應，如鼻敏感、皮膚敏感、氣管敏感
陰虛體質	這類人只要食些少易上火的食物，其手腳便會有熱的感覺，即使沒有食易上火食物或熬夜，也會牙肉腫痛、生痱滋，並會反覆出現，痊癒後又再出現。主要是因為他們氣血生成較差，陽血不足，身體得不到滋潤，便出現陰虛體質
陽虛體質	這類人恨冷，容易感到疲倦，即使在不寒冷的地方也感到寒冷。他們的消化能力較差，大便稀爛，經常屙水，即使在夏天也穿很多衣服
熱性體質	周身發熱，面紅耳赤，四肢發熱，他們食易上火的食物，便上火
寒性體質	這類人只要食冷寒的食物，或是飲凍飲、吹冷氣，他們便會恨冷、發冷

特品體質孕婦，出外時要添衣，每餐份量適中，定時進食，進食中性的食物便可以。

難以自行分辨

　　雖然徐醫師清楚說明人能分為以上這麼多種類的體質，但是，他認為孕婦單憑以上的論述來判斷自己屬於哪種體質並不是易事。他說基本上人可以分為8至9類體質，但一個人其實同時可以兼有幾種不同的體質，所以，孕婦不可以單憑以上的論述來為自己做判斷。孕婦如果想清楚了解自己的狀況，最好還是請教中醫師，他們有足夠的中醫理論知識來為孕婦做診斷。

正確調理

　　徐醫師說，當孕婦清楚了解自己屬於何種體質後，她們便可以為自己選擇適合的食物，避免食不適合的食物，能夠確保自己及胎兒健康。他舉例說例如寒性體質的孕婦，她們應避免進食寒凍食物，反而應該補充陽氣，進食溫熱食物藉以驅寒，達致平衡。而氣鬱性體質孕婦，則不宜太擔心，持放鬆平和心情。特品體質孕婦，出外時要添衣，每餐份量適中，定時進食，進食中性的食物便可以。

懷孕體質大轉變？

　　懷孕期間，孕婦為了令胎兒健康，她們都會飲用中藥材湯來調理身體。那麼婦女會否因為懷孕而令體質出現轉變？胎兒的體質又會否受媽咪所影響？

懷孕影響不大

　　徐醫師說，婦女在懷孕後體質的變化未至於出現太大變化，

胎兒主要從母親處得到營養支撐成長，他們的體質主要受父母影響。

在妊娠期間，孕婦需要靠體內的營養養育胎兒，消耗陰精及營養，身體會較虛弱。

如果孕婦年屆 30 多歲，生機較弱，還要懷孕的話，其身體便容易出現虛耗反應。相反，如果孕婦只有二十多歲，其時氣血充實，則未必會出現不適反應。妊娠與體質之間的變化，除非孕婦刻意透過飲食加強體質，希望令胎兒壯健一點，否則婦女懷孕前後體質不會有太大轉變。

隨生活而轉變

徐醫師續表示，人體質的轉變，是會隨生活、工作壓力而轉變。婦女於懷孕後常常擔憂，加上工作忙碌，過份操勞，加上懷孕後身體虛耗，其身體會因此受影響。另外，妊娠期間出現不適，如作嘔、反胃，食慾不振，因此亦會影響孕婦體質，令她們的體質出現轉變。在上述的因素條件影響下，孕婦的體質才會出現轉變。

若然婦女在懷孕期間沒有任何不適，睡眠質素理想，飲食均衡，情緒穩定，在這樣的情況下，反而可能令體質變好。

中性飲食最理想

可能孕婦會問，在懷孕期間應如何因應自己體質進補調理？徐醫師說，不論任何體質的孕婦，也不用考慮太多，在飲食上最理想是選擇中性的食物，如果屬於熱性體質的孕婦，便不宜進食

太燥熱的食物，相反寒性體質的孕婦，便不宜進食寒涼的食物。中醫角度盡量以減低刺激為標準，不會主張孕婦進食太燥熱的食物去平衡寒性體質，因為不清楚她們進食後，會否令氣血運行太急，而令血脈暢旺，導致流產。

相反屬於熱性體質的孕婦，中醫亦不會主張她們進食寒涼的食物，因此而令其體質變虛，導致胎兒不穩。徐醫師建議孕婦遇上任何問題，最理想還是請教中醫師，諮詢意見為佳。

胎兒體質受父母影響

胎兒主要從母親處得到營養支撐成長，他們的體質主要受父母影響。如果胎兒先天充足，當他們出生後身體亦會較為強壯。若然其先天較弱，父系、母系都較為虛，寶寶出生後體質亦會較弱。因此，如果父母希望寶寶出生後體魄強健，父母便要注意自己的身體，減少進食生冷或燥熱的食物；減少進食海鮮；避免心情過度興奮、刺激，保持平和心情；作息定時；飲食均衡；不作妄勞，便可以令寶寶出生後擁有良好的體質。

不建議自行服藥

由於孕婦難以自行判斷自己屬於甚麼類型體質，加上一個人可能兼具多種不同體質的緣故，所以，徐醫師不建議孕婦自己判斷自己屬於甚麼類型的體質，然後自己胡亂購買中藥材煲來飲用，後果可以非常嚴重，孕婦必須注意。

不同體質宜與忌

不同體質孕婦在日常飲食上有不同地方需要注意，但是基本上任何類型體質的孕婦最重要注意作息定時，不可以太勞累，飲食上避免進食煎炸、辛辣及寒涼，或太鹹、甜、酸、苦的食物，這樣便能夠安心度過懷孕期。

徐醫生說除了寒及熱性體質外，人還有其他不同類型的體質：

第1類：寒性體質

✕ 忌

- 避免進食生冷寒涼的食物

中醫多建議孕婦在妊娠期以溫和飲食方式，配合平和的心神已經足夠。

- 不要吃沙律、魚生
- 避免飲用汽水

✓ 宜

- 當烹煮蔬菜時，宜加入薑同炒，能夠減低蔬菜的寒涼性，避免影響脾胃

第 2 類：熱性體質

✗ 忌

- 避免進食煎炸等燥熱的食物
- 辛辣及烤焗的食物也應避免進食
- 火鍋、燒烤的食物都不宜
- 不宜進食寒涼性的食物
- 雞湯、芒果、榴槤、菠蘿都不宜進食，因為容易上火

✓ **宜**

- 宜多飲水
- 多進食瓜菜
- 多進食魚類及豬肉

第 3 類：陰虛性體質

✗ **忌**

- 不宜進食太燥熱的食物

✓ **宜**

- 宜多吃滋潤的食物
- 多以魚唇、花膠來煲湯，具有滋陰功效

第 4 類：陽氣不足性體質

✗ **忌**

- 不宜進食寒涼性的食物

✓ **宜**

- 由於這類體質孕婦較為怕冷、體虛，可以黨參來調理，它是補充陽氣的食物
- 可以五指毛桃來調理身體

第 5 類：氣鬱性體質

✗ **忌**

- 避免進食酸性的食物，原因會助長肝氣，影響疏洩

✓ **宜**

- 以茯神來調理，有助睡眠的作用
- 百合亦是个錯選擇，它具有安神寧心功效

第 6 類：特品性體質

✗ **忌**

- 不宜進食寒涼性的食物

✓ **宜**

- 可以靈芝、五指毛桃、黨參、太子參煲茶水或湯水飲用，可以

增強抗病能力

- 可以紫蘇葉、陳皮泡茶、焗水飲用，紓緩身體的不適

第 7 類：痰濕性體質

✕ 忌

- 避免進食濃黏味厚的食物
- 不宜進食脂肪多、生冷寒涼性的食物
- 不宜進食重口味食物，食物不宜太濃味
- 不宜進食太鹹的食物，不宜進食太多鹽份的食物，因為太鹹的食物容易困濕

✓ 宜

- 宜多食瓜菜，如冬瓜、生菜、白菜，具有清熱、祛濕的功效
- 肉類方面，可吃瘦肉及魚肉

第 8 類：平和性體質

✕ 忌

- 避免進食生冷寒涼性食物
- 不宜太補及太燥熱的食物
- 避免進食煎炸食物

✓ 宜

- 由於平和體質性孕婦日常身體沒有甚麼毛病，飲食上宜選擇中性的食物，即不寒不燥的食物，維持身體穩定為主
- 只要生活作息定時，便可以健康

不宜活血

於中醫角度，並不建議婦女於懷孕期間進食具活血、通便、下瀉、祛濕利水，或過於溫燥及過補的食物，原因是這類食物會引致氣血運行過急，導致引血下行，有機會導致流產出血的問題發生。中醫多建議孕婦在妊娠期以溫和飲食方式，配合平和的心神已經足夠。徐醫師説孕婦難以估計自己的情況，最理想還是請相熟的中醫師把脈，了解自己的狀況，再配合適合的飲食，便非常理想。

新品登場

防蟑螂螞蟻清潔劑

3 IN 1 除油污 先滅蟲 再預防

Familoves 梵美樂
LOVE MY FAMILY

香港 製造　氣味 不刺激　嬰童寵 適用　安全 無毒

防蟑螂螞蟻清潔劑
Ant & Cockroach Spray Cleaner

www.familoves.hk　　查詢 : (852) 2624 8882　　HKTV Mall　familoves　　了解更多

 Pricerite實惠　 YATA　 永安百貨　citistore 千色

寒性熱性湯水推介

A. 寒性體質：桑寄生南棗固腎湯

材料

桑寄生.................. 3 錢
南棗 .... 4 粒
圓肉 .... 3 錢
淮山 .... 4 錢
陳皮 .... 1 片
豬脹 .... 半斤

做法

❶ 將所有材料分別洗淨，瀝水，備用。

❷ 於煲內注入 3 公升清水，加入所有材料，煲 2 小時後，略加鹽調味，即可飲湯吃肉。每星期可飲用一至兩次功效更好。

功效
- 補腎安胎　　● 健脾開胃

對象
　　適合寒性體質的孕婦，有固本培元，改善吸收。

杜仲續斷豬骨湯

材料

杜仲 .... 3 錢　　蜜棗 .... 2 粒
續斷 .... 3 錢　　陳皮 .... 1 片
淮山 .... 4 錢　　豬骨 .... 1 斤
杞子 .... 3 錢

做法

❶ 將所有材料分別洗淨，瀝水，備用。

❷ 於煲內注入 3 公升清水，加入所有材料，煲 2 小時後，略加鹽調味，即可飲湯吃肉。每星期可飲用一至兩次功效更好。

功效
- 補腎助陽　　● 強筋壯骨

對象
- 虛寒怕冷、夜尿頻、腰膝痠軟的孕婦飲用。

B. 熱性體質：五指毛桃粟米百合豬腰湯

材料

五指毛桃	1 両
粟米	2 條
百合	1 両
蜜棗	2 粒
豬腰	半斤

做法

❶ 將所有材料分別洗淨，瀝水，備用。

❷ 在煲內注入 3 公升清水，加入所有材料，煲 2 小時後，略加鹽調味，即可飲湯吃肉。每星期可飲用一至兩次效果更好。

功效

- 健脾開胃
- 助長吸收
- 寧心安神

對象

　容易出現咽乾燥、心煩失眠、胃口欠佳的孕婦飲用。

石斛茯神紅蘿蔔豬腰湯

材料

石斛	3 錢	蜜棗	2 粒
茯神	1 両	陳皮	1 片
紅蘿蔔	1 條	豬腰	半斤

做法

❶ 將所有材料分別洗淨，瀝水，備用。

❷ 於煲內注入 3 公升清水，加入所有材料，煲 2 小時後，略加鹽調味，即可飲湯吃肉。每星期可飲用一至兩次效果更好。

功效

- 滋陰生津
- 明目益肝
- 安神開胃

對象

- 煩躁失眠、眼紅少寐、口苦胃納欠佳的孕婦飲用。

懷胎 10 月
營養大檢閱

專家顧問：梁穎恩 / 註冊營養師（澳洲）

孕婦在懷孕前、中、後期，均需要攝取足夠的營養，本文請營養師講解哪些是孕期必須的營養，並講述每種營養的好處、來源、需要吸收的份量。若吸收過多和缺乏，會對胎兒及孕婦帶來甚麼影響呢？

懷孕前期（1-13 周）

葉酸好緊要

　　註冊營養師梁穎恩表示，懷孕初期是胎兒重要器官發展的階段。懷孕 4 至 8 周時，寶寶的腦部、心臟、脊髓需要依靠充足的營養發育；到第 9 周，胎兒的面部器官開始成長，而心臟則大約在第 10 周逐漸形成。懷孕初期是胎兒腦部發育的重要階段，故特別注重補充腦部發育所需營養。

葉酸

作用：是懷孕首 3 個月胎兒腦部、脊椎發育所需的最重要營養，可減少胎兒出現神經管缺陷與先天腦部或脊髓發育異常的問題，並預防孕婦出現貧血。

每日攝入量：600 微克

攝入過少：胎兒的身體機能恐受損，容易出現神經管缺陷。需要注意，若懷孕前期的葉酸攝入量不足，在懷孕中、後期是無法再追回的。

攝入過多：由於葉酸屬水溶性，若攝入過多或可以排出，故對胎兒及孕婦的健康影響不大。

如何攝取？

✔ 可透過深綠色蔬菜攝取。蔬菜的綠色越深，葉酸含量越高，包括菜心、芥蘭、菠菜等。

✔ 需要注意，生菜雖然可以補充大量水份，但其葉呈淺綠色，當中的葉酸含量不高。

✔ 透過豆類可攝取葉酸，包括扁豆、青豆等。此外，還有花生、果仁、早餐穀物。而水果中，橙的葉酸含量十分豐富。

✔ 懷孕首 3 個月應每日攝入至少 400 微克的葉酸補充劑。

維他命 A

作用：這是懷孕前期及中期都需要補充的營養元素，幫助胎兒身體正常生長及視力發展，以及幫助其免疫功能發展。

每日攝入量：700 微克 RAE

攝入過少：影響胎兒的正常生長，增加日後出現身體缺陷的機會。

攝入過多：或有機會對胎兒的肝臟造成損害。

如何攝取？

✔ 可以透過紅色、黃色的水果及蔬菜攝取，包括紅蘿蔔、番茄、南瓜、番薯、車厘茄等。一般食用蔬菜後，會先攝取其中的胡蘿蔔素，然後在身體中轉換為維他命 A。

✔ 雞蛋、牛奶本身可直接補充維他命 A。

碘質

作用：滿足胎兒生長及腦部發育的需要，並促進新陳代謝。

每日攝入量：230 微克

攝入過少：會損害胎兒的腦部發育，將來有機會出現智力問題及影響閱讀能力。

攝入過多：有機會影響孕婦與胎兒的甲狀腺功能。

如何攝取？

✔ 紫菜、海帶、海魚、海產如海蝦和蠔含豐富的碘質。梁穎恩強調海鮮一定要徹底煮熟才能食用，否則容易引起細菌感染。此外，海帶的碘質含量非常高，每周進食不能超過 1 次，每次不超過半碗，以免影響身體的甲狀腺功能。

✔ 選用食鹽時可購買添加碘質的鹽，但注意切勿大量進食，容易引起高血壓。

✔ 蛋黃、奶類製品亦可以補充碘質。

懷孕前期 有營食譜推介

懷孕前期一日食譜

早餐	蘋果合桃鮮奶麥皮
上午茶	香蕉葵花子奶昔（香蕉 + 葵花子 + 高鈣低脂奶）
午餐	南瓜杞子鮮蝦淮山麵 + 紫菜拌枝豆
下午茶	士多啤梨
晚餐	肉碎豆腐漢堡 + 十穀米白菜飯
消夜	橙

午餐推介

南瓜杞子鮮蝦淮山麵 + 紫菜拌枝豆

材料：

南瓜切粒	1/2 碗	枝豆	1/2 碗
蝦	8 隻	白芝麻	1 茶匙
杞子	1 湯匙	鹽	1/4 茶匙
淮山麵	40 克	油	2 茶匙
紫	3 克		

南瓜杞子鮮蝦淮山麵

製作步驟

❶ 煲滾熱水，並加入淮山麵煮 6 至 8 分鐘，隔水備用。

❷ 南瓜切粒去皮。

❸ 燒熱鍋，加入 1 茶匙油，然後加入南瓜炒 2 分鐘。

❹ 加入約 200 至 300 毫升水，並煮成南瓜湯。

❺ 加入蝦、杞子及鹽，煮約 8 分鐘。

❻ 加入淮山麵，煮約 1 分鐘。

紫菜拌枝豆

製作步驟

❶ 紫菜用水浸軟，備用。

❷ 燒熱鍋，加入 1 茶匙油，再加入紫菜及
枝豆炒 2 分鐘。

❸ 灑上白芝麻。

懷孕中期（14-27 周）

補鈣助長骨骼牙齒

　　進入懷孕中期，隨着胎兒器官和身體的進一步發展，例如骨骼、牙齒等發展，對於營養的要求與前期相比又會有所不同。梁穎恩指出，從懷孕中期開始，需要開始適量攝入鋅質、鈣質及 Omega-3 脂肪酸。

鋅質

作用：維持胎兒的免疫系統發展，並幫助胎兒生長發育。

每日攝入量：9.5 毫克

攝入過少：影響胎兒的正常生長。

攝入過多：容易導致孕婦出現作嘔作悶、胃口差的情況，影響孕婦的營養攝取。

如何攝取？

✔ 可以透過肉類攝取鋅質，包括紅肉、豬肉、海鮮等。

✔ 此外，豆類、果仁、早餐穀物亦可攝取鋅質。

Omega-3 脂肪酸

作用：幫助胎兒的腦部發育及視力發展。

每日攝入量：200 毫克二十二碳六烯酸 (DHA)

攝入過少：會對胎兒腦部發展造成不良影響。

攝入過多：目前尚未有研究顯示，攝入過多的 Omega-3 脂肪酸對胎兒發育會造成壞處。

如何攝取？

✔ 油脂性魚類可補充豐富的 Omega-3 脂肪酸，包括三文魚、沙甸魚、青魚、鰻魚、黃花魚、秋刀魚、紅杉魚、倉魚等。可以一周進食 2 次這類油脂性的魚，每次攝入一個手掌心大的份量。

✔ 選擇魚類時應以中魚及小魚為宜，即 1 斤以下的魚。大魚當中的汞含量較高，例如鯨魚，而攝入過多的汞會影響胎兒發育中的神經系統，故需要避免。

鈣質攝入過多對胎兒影響不大，但容易導致孕婦出現便秘的情況。

鈣質

作用： 鈣質是構成胎兒骨骼和牙齒的基本元素。

每日攝入量： 1,000 毫克

攝入過少： 除了影響胎兒的骨骼及牙齒發展以外，還會增加孕婦患上妊娠高血壓以及早產的風險。

攝入過多： 鈣質攝入過多對胎兒影響不大，但容易導致孕婦出現便秘的情況。每天只要攝取足夠的奶類製品，便毋須擔心鈣質吸收不夠。

如何攝取？

✔ 牛奶、芝士、乳酪、加鈣豆漿，每日 2 杯可吸收豐富的鈣質。

✔ 在前述食物的基礎上，可再選取一些鈣質豐富的食物，例如深綠色蔬菜，包括菜心、芥蘭、白菜、西蘭花。

✔ 豆腐可以增加鈣質，但選購時需要注意，未必所有豆腐都含鈣，特別在超市購買時需要看清營養標籤，而採用石膏粉的豆腐中，一定含鈣。

✔ 芝麻及果仁可以補充鈣質，特別是黑芝麻。梁穎恩建議孕婦將黑芝麻加入牛奶當中，可以補充鈣質，同時補充纖維素，有助於紓緩便秘。

✔ 蝦米、小魚乾、連骨食的魚如沙甸魚當中亦含有鈣質，例如蒸蛋時放入蝦米亦是不錯的選擇。

懷孕中期 有營食譜推介

懷孕中期一日食譜

早餐	番茄牛肉碎通心粉
上午茶	藍莓奇亞籽乳酪
午餐	香菇蜆肉蒸水蛋 + 南瓜淮山藜麥飯
下午茶	梨
晚餐	芝士焗三文魚 + 番茄蕎麥麵配西蘭花
消夜	香蕉

晚餐推介

芝士焗三文魚 + 車厘茄蕎麥麵配西蘭花

材料：

蕎麥麵 ....50 克
三文魚柳 ....1 條
車厘茄 ....1 碗
西蘭花 ....1 個
芝士 ....1/2 片

白芝麻 ....1 茶匙
黑椒 ....1 茶匙
鹽 ....1/4 茶匙
油 ....2 茶匙
蒜頭 ....2 茶匙

車厘茄蕎麥麵

製作步驟

❶ 煲滾熱水，並加入蕎麥麵煮 6 至 8 分鐘 ，隔水備用。
❷ 燒熱鍋，加入 1 茶匙油，再加入車厘茄炒 2 分鐘。
❸ 加入蕎麥麵及鹽，炒約 2 分鐘。
❹ 灑上白芝麻。

芝士焗三文魚

製作步驟

❶ 三文魚以鹽及黑胡椒調味。
❷ 攝氏 180 度焗約 10 至 12 分鐘。
❸ 把芝士放在三文魚上，焗約 3 分鐘。

番茄西蘭花

製作步驟

❶ 西蘭花切件備用。
❷ 燒熱鍋，加入 1 茶匙油，炒香蒜頭。
❸ 加入西蘭花及番茄，煮至熟透。

懷孕後期（28 周後）

主要加能量鐵質

到了懷孕後期，能量和鐵質是需要主要添加的營養，為了幫助孕婦更順利地生產，以及生產後作為寶寶首先儲備的營養。以下由營養師為大家講解，鐵質和能量可以從何處獲取，但重要歸重要，仍需要避免過量攝取。

鐵質

作用：懷孕後期對於鐵質的需要比較多，其主要功能是保障胎兒正常生育及腦部發展，以及預防孕婦缺鐵性貧血。

每日攝入量：29 毫克

攝入過少：在大肚後期，胎兒需要儲備鐵質，出生後首幾個月，寶寶鐵質的主

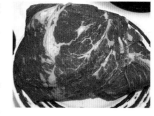

要來源便是於懷孕後期儲存的鐵質。因此，若補充不足夠便容易產生缺鐵性貧血。

攝入過多：若鐵質攝入過多，孕婦容易出現便秘、作嘔、腹部不適的情況。

如何攝取？

✔ 肉類，特別是紅肉，還有雞蛋含豐富的鐵質。

✔ 深綠色蔬菜、豆類中亦有鐵質，但植物性鐵質對於身體來講較難吸收，需要藉着維他命 C 幫助轉換。例如果仁中含有植物性鐵質，則建議在進食果仁後 2 小時內，進食具有維他命 C 的水果或檸檬水，可幫助吸收果仁中的植物性鐵質。

能量

作用：在懷孕前期，能量及蛋白質不需要特別增加。進入懷孕中期，孕婦所需的能量和蛋白質需要微微增加，能量總量與懷孕前相比應增加 285 卡路里。但到了懷孕後期，孕婦則需要比未懷孕之前增加 475 卡路里。

每日攝入量：因人而異

攝入過少：若能量不足，便較大機會影響胎兒的身體發展及孕婦的體重。

攝入過多：容易造成孕婦肥胖，增加罹患妊娠高血壓的風險。

如何攝取？

✔ 可以透過攝取蛋白質獲得能量。懷孕前肉類每日的攝取量是 5 至 6 份，但到了懷孕中後期需要攝入 5 至 7 份。而奶類製品於初期每天攝入 1 至 2 份，到中後期則需要 2 至 3 份。1 份奶類製品等於 240 毫升的奶、150 克的乳酪或 2 片高鈣低脂的芝士。

✔ 穀物類於懷孕初期需要每日攝入 3 至 4 碗，到懷孕中後期則需要 3.5 至 5 碗。

✔ 注意攝取蔬菜和水果。水果於懷孕初期每日需要攝入至少 2 份，到了中後期則需要攝取至少 2 至 3 份。1 份水果的份量為拳頭大，或半碗切粒的水果。蔬菜於懷孕中後期亦需要增加食用份量，初期每天需攝入至少 3 份，到了中後期則增加至 4 至 5 份。1 份蔬菜等於半碗熟菜的份量。

懷孕後期 有營食譜推介

懷孕後期一日食譜

早餐	牛油果雞蛋杏仁三文治 + 黑芝麻牛奶
上午茶	高鈣低脂芝士 + 配高纖麥餅
午餐	紅蘿蔔豆角肉碎蝦粒 + 墨西哥包
下午茶	蜜瓜
晚餐	金針菇雞絲炒木耳粟米紅扁豆飯
消夜	青蘋果

早餐推介

牛油果杏仁三文治 + 黑芝麻牛奶

材料：

全麥麵包 ....2 片
雞蛋 ....1 隻
牛油果 ....1/2 個
杏仁 ....3 湯匙

牛奶 ....240 毫升
黑芝麻粉 ....1 湯匙
黑椒 ....1 茶匙
混合香草 ....1 茶匙

牛油果雞蛋杏仁三文治

製作步驟

❶ 用水焓熟雞蛋，去雞蛋殼並切片。

❷ 牛油果去核壓成蓉備用。

❸ 杏仁搗碎，加入牛油果蓉。

❹ 把杏仁牛油果蓉及雞蛋放在全麥麵包上。灑上混合香草及黑椒。

黑芝麻牛奶

製作步驟

• 加入 1 湯匙黑芝麻於牛奶中。

CHUBEES™

www.chubees.com.hk

香港嬰幼兒用品品牌

紗巾系列

純白紗巾(6條裝)
原價:HK$28

彩紗巾(4條裝)
原價:HK$26

BEST CHOICE
雙層紗巾(1條裝)
原價:HK$30

浴巾被仔系列

純棉大浴巾
原價:HK$125

冷氣紗被
原價:HK$98

四季紗被
原價:HK$220

抵買系列

初生帽
原價:HK$32

安撫巾
原價:HK$138

純棉口水肩
原價:HK$28

實體零售點

千色店
永安百貨
先施百貨
AEON STORE
APITA

FACEBOOK

E-SHOP

Chubees - Life is a Gift
CHUBEES

老公學按摩
紓緩孕婦不適

專家顧問：朱柱彤 / 註冊中醫師

孕媽媽在懷孕期間有否試過嘔吐、便秘，以及下肢水腫的情況？這些都是孕期必經的階段，令人十分難受。但孕媽媽可以通過按摩的手法，以紓緩孕期不適，甚至可讓老公一同學習，為自己按摩呢！

孕期常見不適

　　孕期出現不適是一種普遍現象。在早期常見惡心、嘔吐，以及厭食等症狀，即早孕反應，症狀一般在懷孕 12 週後消退。中期由於胎兒逐漸長大，壓迫腸道，加上體內孕激素水平增高，令腸道蠕動速度減慢而形成腸道問題，如脹氣、便秘等。晚期由於增大的子宮壓迫不同內臟組織而會出現尿頻尿急、下肢水腫、痙攣、靜脈曲張，以及痔瘡等症狀。以上問題除了造成孕婦的生理不適之外，對於孕婦的精神情緒狀態，其實亦造成一定程度的負擔。

　　孕期適時適度的按摩，可以改善血液循環，淋巴回流，提升免疫能力，增強抵抗力，配合中醫經絡理論，對經絡及穴位進行不同手法的操作，可以有效改善孕期所帶來的各種不適，提升孕婦在孕期的生活質素。

孕婦按摩禁忌及注意事項

- 懷孕前 3 個月建議不要按摩，因此時胚胎發育尚未穩定，不當按摩可使子宮異常收縮，令流產的風險增加。
- 習慣性流產或曾經流產的孕婦不宜按摩。
- 有不正常出血的孕婦不宜按摩。
- 皮膚有外傷，皮損表現的孕婦不宜按摩。

Exercise Start!

穴位一：迎香穴

定位：為手陽明大腸經腧穴，與足陽明胃經相接。位於面部，在鼻翼外緣中點旁的溝紋中。

操作：用食指搭住中指之上，利用中指，以逆時針方向進行按揉，每次 60 圈，每天三次。

　　效果：該穴可增強胃腸動力，加強便意感，產生通便及改善便秘的效果。

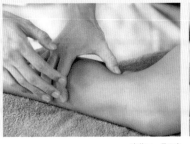

穴位二：陰谷　　　　　　　　穴位三：承山穴　　　　　　　　穴位四：環跳穴

穴位二：陰谷

定位： 為足少陰腎經的腧穴。在膕窩內側，兩筋之間的凹陷中。

操作： 囑孕婦屈膝，用拇指指頭對準穴位進行壓法，力度由小到大，壓住穴位大約 4 至 6 秒，每組 10 次，每日 2 至 3 組。

> **效果：** 此穴具有益腎、調節水道的作用，對於小便有雙向調節的作用。除了可以用於紓緩孕期尿頻尿急的問題，另外可以用於孕婦中晚期，由於胎體過大，下迫膀胱，導致水道失司而致的小便困難。

穴位三：承山穴

定位： 在小腿後側，腓腸肌肌腹之中的三角形凹陷處。

操作： 用拇指推壓法，每次按壓 3 至 5 秒，每次 5 至 10 組，每日 2 次。不宜用力過大，以免引起腓腸肌保護性收縮，以及深層靜脈血栓脫落。

> **效果：** 有利於下肢小腿肌肉痙攣不適。在經穴理論上，具升提理腸的作用。因此對於便秘、孕期痔痛亦有幫助。

穴位四：環跳穴

定位： 側臥屈股，當股骨大轉子突起點與骶管裂孔連線的外 1/3 折點。在臀部的最凹陷處。

操作： 用兩手拇指按壓穴位，每次按壓 3 至 5 秒，每次 5 至 10 組，每日 2 次。不宜用肘部及膝部大力按壓。

> **效果：** 有利於腰腿活動，凡腰腿活動不靈活者，用之可以緩解。對於腰腿部疼痛、麻痺、痙攣都有一定療效。

穴位五：足三里

穴位五：足三里

定位：為足陽明胃經腧穴。位於小腿，在外側膝眼下 3 吋，距離脛骨橫開 1 吋的位置。

操作：屈曲食指，利用食指近端指間關節揉壓穴位，每次壓 3 至 5 秒，每組 15 至 20 次，每天 2 至 3 組。

　效果：該穴可以通降胃氣，因而有通便的效果。足三里又有強壯作用，可以紓緩由於氣虛而引起的腸道脹氣及大便費力、無力。

穴位六：百會穴

定位：為奇經八脈督脈的腧穴。在頭頂正中。

操作：屈曲食指，利用食指近端指間關節揉壓穴位，每次壓 3 至 5 秒，每組 15 至 20 次，每天 2 至 3 組。

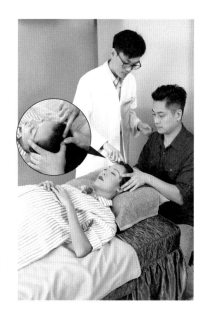

　效果：此穴具有升提陽氣的作用，除了可以激活陽氣以助膀胱氣化功能，紓緩尿頻尿急的問題，亦有提升胎氣、安胎的作用。此外，百會亦有醒腦開竅的作用，可以有效緩解疲勞，以及孕婦的抑鬱情緒。

　備註：按摩手法宜輕不宜重，特別是對於腹部、大腿的按摩，避免使用壓法等刺激量較強的手法。

按摩應避免按壓的穴位

按照古時醫案記載，以下的穴位具有令子宮收縮的作用，一般情況下應避免在孕期刺激相關穴位，避免流產或早產。

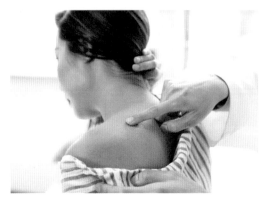

穴位一：肩井穴

位置：在肩上，肩峰與大椎連線正中。

穴位二：合谷穴

位置：在雙手虎口的位置。

穴位三：三陰交穴

位置：在內踝尖直上3吋，脛骨後內側緣後方。

穴位四：崑崙穴

位置： 在足外踝後方，當外踝尖與跟腱之間的凹陷之中。

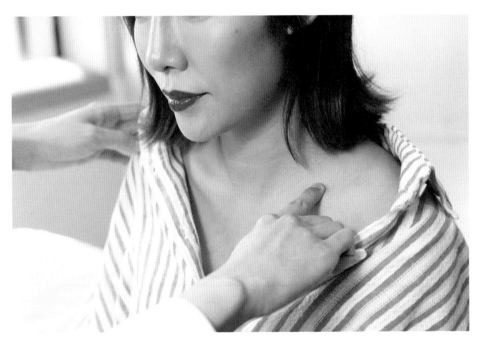

穴位五：缺盆穴

位置： 在鎖骨上窩正中央，胸正中線旁開 4 吋。

Part 2

分娩前後

即將分娩，孕婦一定十分興奮，
但同時也很緊張，因分娩會遇到不可預料的問題，
如早產遲產，又或臨盆突發事等，本文都會一一談及，
各位孕婦最好預先有所知悉，以作準備。

自然、剖腹
分娩點揀好？

專家顧問：何嘉慧 / 婦產科專科醫生

　　初為人父母，都渴望順順利利生 B，而分娩方法多多，順產當中便有真空吸引術、產鉗術等，你了解多少，又會怎樣揀？本文婦產科醫生闡述幾種現時產婦常用的分娩法，各自的特色、甚麼情況宜用和忌用，讓孕婦安心生 B。

自然分娩要經歷乜？

　　順產大致上可分為自然分娩及輔助分娩，而自然分娩是人類最原始的生育方法，在毋須添加任何儀器的情況下，便能順利誕下寶寶。首先由婦產科專科醫生何嘉慧為各位介紹自然分娩的預兆，以及會經歷的產程，而其他的順產分娩方法均是以自然分娩為基礎。

分娩方法知多啲

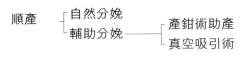

順產　├ 自然分娩
　　　└ 輔助分娩 ── ├ 產鉗術助產
　　　　　　　　　　└ 真空吸引術

剖腹產　├ 選擇性剖腹產
　　　　└ 緊急剖腹產

分娩三大預兆

　　婦產科專科醫生何嘉慧表示，見紅、穿水和作動陣痛是分娩的三大預兆，它們一般會在相近時間出現，但不分先後順序。

　　見紅：陰道有帶血黏液流出，可能是棕色、粉紅色或紅色，這便是子宮頸開始鬆開。若大量流血，便可能是其他異常情況，需要立即入院。

　　穿水：即胎膜穿破，指陰道有羊水流出。穿水不同於排小便，小便可以控制，但羊水不能控制。若出現穿羊水的情況，便需要立即入院待產。

　　作動陣痛：子宮開始收縮並產生陣痛，而且逐漸加強和頻密。陣痛時腹部呈堅硬狀態，若出現規律性陣痛，應立刻入院。

分娩三個階段

　　自然分娩的過程可分為三個階段，第一產程指由規律陣痛開始至子宮頸全開，第二產程由子宮頸全開到胎兒娩出，第三產程從胎兒娩出到胎盤排出。

第一產程

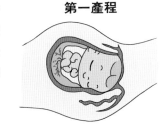

規律性宮縮與陣痛是進入第一產程的重要特徵。

規律宮縮與陣痛

第一產程由子宮收縮、產生有規律陣痛開始，至子宮頸口完全擴張。規律性宮縮與陣痛是進入第一產程的重要特徵，宮縮初時可能每隔 10 至 15 分鐘一次，而後越來越頻密。子宮收縮產生的陣痛會伴隨子宮頸口的擴張，每擴張 1 厘米即為 1 度，擴張至 10 度時，便能容許嬰兒通過。懷孕期間會經常出現假宮縮，假宮縮不會規律出現，大概持續十幾秒便會停止，也不會產生疼痛，只感覺子宮輕微收緊。

保存力氣

第一產程需 4 至 12 小時不等，時間最長。何醫生建議產婦在此階段不要緊張叫嚷，浪費氣力，無痛時放鬆休息；若陣痛劇烈，可作助產呼吸，盡量保存氣力應對第二產程。以下因素均有機會影響第一產程的時長：

- 第一胎需時較長，第二、三胎需時稍短
- 胎兒體形較小，需時較短
- 胎兒周數較早，需時或較短
- 產婦子宮收縮強，子宮頸口擴張快

醫生做啲咩？

監測胎兒心跳： 採用連續胎心聲監測（CTG）檢測胎兒心跳，確保胎兒活躍以及沒有受過度壓力，確保胎兒健康。若胎兒受壓嚴重，會出現心跳問題。

監測產婦子宮收縮： 監測產婦的子宮收縮情況，包括多久一次陣痛、陣痛的強度等，若痛了一段時間仍未十度全開，或者始終停留在某個度數，便有機會採用催生藥、人工穿水的方法加快產程。

娩出嬰兒

第二產程指子宮頸完全擴張至胎兒離開母體，這個階段一般需要半小時至 1 小時。醫生和助產士會為產婦做好清潔，並指導產婦配合子宮的收縮陣痛呼吸和用力，將胎兒推出。此時由於嬰兒頭部慢慢往下降，壓住陰道，疼痛部位亦逐漸往下移，產婦會產生急大便的感覺。

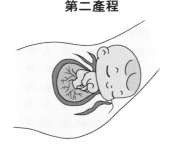

第二產程

配合陣痛呼吸用力

若產婦太用力，便容易損傷會陰，但太小力則無法將嬰兒推出。因此產婦需與助產士合作，遵循助產士的指導，陣痛出現時以鼻作深呼吸，盡全力用腹肌將胎兒推出。每次子宮收縮可作 3 至 4 次推動，每次持續 10 秒以上；無痛時全身放鬆，並配合呼吸，等待下一次子宮收縮。

醫生做啲咩？

繼續監測胎兒的心跳，由於陰道口狹窄，嬰兒通過陰道時受壓最嚴重，也最容易出現心跳問題。若採用無痛分娩的產婦，此時必須停止用藥，否則會影響產婦感受子宮的收縮，以免因毫無感覺而影響用力將嬰兒推出。

排出胎盆

嬰兒誕生後至胎盆完全排出，需時約 5 至 15 分鐘。胎兒離開母體後，產婦的子宮會收縮，然後將胎盆自然排出。胎盆排出後，子宮會繼續收縮，伴隨輕微陣痛。胎盆負責向胎兒供養，因此胎盆不能早於胎兒出來。

第三產程

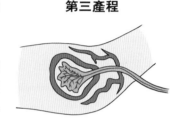

醫生做啲咩？

胎盆排出後，醫護人員會為產婦縫補傷口，以及為產婦注射子宮收縮針，減緩產婦流血的情況。

止痛方法

產婦進入第一產程後，可以選用一些止痛方法，例如子宮收縮產生陣痛時可採用止痛氣，聞後即時有效，亦不會影響子宮的正常收縮；或者採用肌肉注射，止痛針可以有效緩解痛楚，一針大約可維持 4 小時。然而在進入第二產程後，醫生會停止使用止痛針。

無痛分娩

麻醉科醫生會在產婦脊髓硬膜外面注射止痛針，中途可以減藥或停藥，幫助減少第一、二產程的痛感。由於用藥時產婦會毫無感覺，因此第二產程時可能會減藥及停藥，避免產婦因毫無感覺而影響用力，導致胎兒無法被推出。採用無痛分娩的產婦，需

3-IN-1 烘乾・消毒・儲存
守護一家人健康

30公升座檯式消毒碗櫃 MZTP30

簡潔外觀設計

消毒砧板刀具

多模式簡易操控

紫外線消毒+PTC
熱風烘乾消毒

二星級消毒
99.99%殺菌率

304不鏽鋼內膽
免瀝水設計

Midea is MyDear

Midea HK

消毒碗櫃系列小冊子

是否使用會陰剪開術，由助產士和醫生根據實際及現場情況決定。

要採用真空吸引術或產鉗術助產的機會有可能增加。

三種方法助分娩順利

無論是自然分娩，還是採用工具輔助分娩，都有機會用到會陰剪開術、藥物引產、羊膜刺破術三種方法幫助分娩更順利。孕婦可能覺得這些方法聽起來十分可怕，由醫生為各位講解每種方法如何進行、適用於甚麼情況，消除大家的疑慮。

1. 會陰剪開術

在局部麻醉下，在產婦的會陰（即陰道口與肛門之間）施行一個外科切口，加闊產道。當產婦的會陰較緊窄或嬰兒略大的情況下，施行外陰剪開術有助於減少陰道及會陰的創傷。

何時使用？

是否使用會陰剪開術，由助產士和醫生根據實際及現場情況決定，產婦是否會控制力度、嬰兒的體形大小、娩出的位置是否合適等因素均會影響。若採用真空吸引術和產鉗術輔助生產，一般均需要採用會陰剪開術。會陰剪開術可以人為控制切口的位置，若產婦用力不正確，又不剪會陰，造成的會陰撕裂會更嚴重，可延伸至肛門。產婦可不必過於擔心採用會陰剪開術，會陰傷口一般 1 至 2 周便可恢復。

風險

- 產婦可能出現對麻醉藥過敏、失血、傷口出現血腫、傷口發炎或癒合欠佳的情況，但對嬰兒沒有影響。

2. 藥物引產

如有需要可使用藥物，讓孕婦產生規律子宮收縮，令產程開始或加快。常用引產方法有前列腺素或催產素，由於每個人對引產藥物的反應不同，故引產時會為產婦安置胎兒監測器，隨時觀察子宮的收縮強度與胎兒的情況。

何時使用？

例如產婦患有妊娠毒血症，或糖尿控制不好，需要提早生產；或過了預產期未有動靜；或產程過長，胎兒仍無法順利娩出，而產程越長，胎兒受感染的風險越高，上述情況採用引產比自然分娩更安全。需要注意，若宮頸未成熟，例如早產時，有可能不適合引產。

風險

- 若引產失敗，需要轉用緊急剖腹生產。
- 若子宮疲乏，增加產後出血的機會。
- 子宮有機會破裂。
- 用藥可能會引起過度強烈的子宮收縮，有機會造成胎兒缺氧，故需要時刻監測胎兒心跳。

3. 羊膜刺破術

用特別的儀器——羊膜穿破器刺開包圍着嬰兒的羊膜，羊膜破後羊水流出，自然分娩的過程便會順利開始。

何時使用？

若產程進展太慢，例如一直陣痛及見紅，卻遲遲不穿水、胎兒的生長發育及心跳異常、羊水顏色有異，均有機會考慮採用羊膜刺破術，幫助早些娩出嬰兒。

人工穿水除了可以加快產婦的產程，還可以透過觀察羊水的顏色辨別胎兒健康：羊水清澈表示胎兒情況良好；若胎水渾濁，表示寶寶受壓過大。當產婦產生子宮收縮時，會對胎兒造成壓力，

而受壓過大的胎兒會出現心跳異常的情況。當胎兒承受壓力過大，便有機會排出胎糞，導致羊水渾濁，因此需要緊密檢測胎兒心跳，遇到羊水渾濁的情況更要加倍小心。此外，過了預產期仍未分娩，亦有機會出現羊水渾濁的情況。

風險

- 出現臍帶脫垂的情況，即臍帶可能經過子宮頸進入陰道內，甚至經陰道顯露於外陰。
- 臍帶受壓，令胎兒缺氧。
- 增加胎兒細菌感染的風險。
- 若羊膜穿破後，產程仍未有進展，便有機會採用其他方法引產，或採用剖腹生產。

兩大助產術採儀器分娩

若「天時地利人和」，產婦和胎兒便會經歷前述的三個產程，順利出生。如果第一、二產程過長，產婦宮縮無力，拖延下去有機會對產婦或胎兒的安全造成威脅，便需要考慮使用儀器輔助胎兒分娩。

1. 產鉗術助產

先對產婦施行會陰剪開術，分別把左右兩葉產鉗，放進產婦陰道，一方面幫助撐開產道口，另一方面放置於胎兒頭部兩側，並鎖好產鉗，保護其頭部。醫生牽引產鉗幫助嬰兒娩出。一般早產嬰兒的頭部較脆弱，因此產鉗術有助於保護早產嬰兒過度受壓。

產鉗術

風險

- 若產鉗未能緊扣，或胎兒頭部沒有下降，便需要立刻轉用其他方法娩出嬰兒。
- 對產婦陰道及會陰組織的損傷通常會大於真空吸引術。
- 嬰兒面部兩側會留有鉗印、瘀痕或損皮，但幾天後會消失及痊癒。

- 有機會導致嬰兒面頰兩側的面神經受壓及創傷，但大多會自行康復。

2. 真空吸引術

將真空吸引器的吸杯放置於胎兒的頭上，利用真空吸引幫助嬰兒娩出。首先，醫護人員會施行會陰切開術，加寬產道口，然後將金屬或塑膠杯形儀器放進產婦陰道，利用真空負壓將杯吸附於嬰兒頭部，並在醫生的牽引下幫助嬰兒娩出。

真空吸引術

風險

- 吸杯有機會從嬰兒頭部脫落，便需要再行嘗試。
- 真空吸引術有機會失敗，此時則有可能立刻轉用其他方法取出嬰兒。
- 真空吸引術屬於器械助產，會造成產婦會陰創傷。
- 胎兒頭部會出現水腫，數日後會消失。
- 胎兒會出現頭皮損傷和水泡，但數天後會康復。

輔助分娩 多需剪外陰

何嘉慧醫生表示，想順利地自然分娩，需要看天時地利人和，包括子宮收縮強度是否足夠、宮頸是否開得順利、胎水的顏色是否正常、寶寶的心跳是否正常，缺少一項都不行，因此醫生需要對產婦和胎兒進行緊密的監測。

一般自然分娩不順利或產程不夠快，醫生便會考慮採用真空吸引術及產鉗術。採用輔助分娩時，為了方便真空吸引器、產鉗這些工具的使用，以及讓胎兒更順利地娩出，均會採用會陰剪開術，因此造成的會陰創傷會比自然分娩稍大。

剖腹產分緊急和選擇性

許多媽咪為了避免順產的疼痛，便會選擇剖腹產。一般政府醫院會安排產婦順產，除非孕婦出於醫學原因不得不選擇剖腹生產，也有越來越多媽咪會選擇赴私家醫院進行剖腹生產。下面由醫生帶大家更深入了解剖腹生產，它有分為選擇性和緊急兩大類。

剖腹產如何進行？

手術前，醫護人員會為產婦插上尿喉，避免脹滿的膀胱影響手術進行。麻醉科醫生對產婦進行半身或全身麻醉。手術開始會切開皮膚，然後進入腹腔及切入子宮，娩出胎兒及胎盤，手術當中有機會使用產鉗或其他儀器，完成後縫補子宮及腹部傷口，手術過程約 1 小時。

根據子宮切口的方向，剖腹分娩可分為縱向的古典式剖腹及橫向的子宮下段剖腹產。一般會採用子宮下段剖腹方式，若嚴重早產或胎盤前置，便有機會選擇古典式剖腹，但這種情況屬於少數。

1. 選擇性剖腹生產

當醫生基於醫學原因判斷產婦不適宜自然分娩時，便會預早安排剖腹分娩手術的日期和時間。若孕婦想選擇剖腹生產，亦應在產前檢查期間和產科醫生商議，並先行預約，讓醫院有充足時間安排病房和手術室人手及儀器。以下原因均有機會進行選擇性剖腹生產：

- 胎位不正
- 胎盤前置
- 兒頭骨盆不相稱
- 胎兒生長差
- 胎兒體形過大
- 前胎剖腹生產
- 雙胞胎或多胞胎（若懷有雙胞胎，生產第二個胎兒時會承受一

可預約時間

選擇性剖腹分娩的好處便是能預約時間，一般會安排在 38 至 39 周進行，而雙胞胎、胎盤前置等情況，由於繼續懷孕會有一定的風險，故有機會選擇在 37 周開刀，但 37 周已經足月，爸媽可放心。具體的剖腹時間，醫生會和產婦權衡風險後決定。

定的風險，而剖腹產可以避免）
- 孕婦需同時進行其他手術，例如卵巢瘤切除
- 孕婦患有高血壓、糖尿病、心臟病，且無法控制

2. 緊急性剖腹產

若自然分娩的過程不順利，或出現不可預料的情況，可能會危及產婦或胎兒的安全，醫生會建議進行緊急剖腹手術取出嬰兒，因此緊急性剖腹產的風險比選擇性剖腹產分娩高。

順產與選擇性剖腹產簡單比較

	好處	壞處
順產	• 復原更快。即使採用了會陰剪開術，傷口亦比剖腹產的小。 • 產婦可經歷自然的生產過程。 • 若多次生產，順產可降低將來再懷孕時生產的難度，陣痛過程亦會較短。	• 第二產程十分痛。 • 存在一定風險，中途有機會轉緊急剖腹分娩，而緊急剖腹分娩的風險會高於提早預約的選擇性剖腹分娩。 • 增加胎兒因受壓而產生的心跳異常風險，特別是發育較差的胎兒。 • 經過陰道時有機會感染細菌，例如乙型鏈球菌。 • 有子宮下垂的風險，盆腔肌肉亦會較弱。 • 順產的時間無法準確預計，增加心理壓力。
選擇性剖腹分娩	• 可預約時間，做好準備。 • 毋須經歷產痛，並於半身麻醉後，手術期間仍能保持清醒。 • 對產婦及胎兒的意外較少，可人為控制。	• 住院時間較長。 • 需承擔一定的手術風險，例如麻醉、出血風險，或損傷附近的器官及嬰兒。 • 子宮或腹腔感染。 • 傷口出現併發症，或癒合欠佳，可能需要再次縫補。 • 靜脈血栓和肺栓塞的機會較自然生產高。 • 留下疤痕，會提高下一次剖腹生產的難度。 • 第一次選擇剖腹生產，下次分娩一般仍會繼續選擇剖腹生產。

早產遲產

孕婦點做？

專家顧問：王偉明 / 婦產科專科醫生

孕婦「早產」與「遲產」，不單會打亂放產假的安排，其實「早產」與「遲產」對於孕婦和胎兒都有不同程度的影響。究竟哪個風險較大？有說遲產兒比早產兒更危險。本文婦產科專科醫生闡述兩方面有何影響？有何徵狀？一旦出現「早產」或「遲產」，孕婦應如何準備？

早產遲產如何界定？

　　對於初次懷孕的孕婦而言，可能未必清楚懷孕至第幾周生產才不算是早產或遲產。她們亦未必清楚早產及遲產的定義、原因及影響，現在由婦產科專科醫生王偉明為大家逐一解答疑問。

37-42 周為足月

　　對於初次懷孕的孕婦而言，很多事情也許都不太清楚，例如懷孕期間出現的各種變化，甚至足月的定義亦未必清楚。

　　王偉明醫生表示，足月生產的定義，是指孕婦懷孕至第 37 至 42 周時生產。至於早產的定義，是指於懷孕至第 37 周或以前生產；而遲產則是指孕婦懷孕至第 42 周或以後才生產。

早產原因不明

　　導致孕婦出現早產可以有許多原因，王醫生說大部份早產原因不明，其他可知的原因有很多，如：

- 孕婦懷有多胞胎
- 孕婦的子宮或子宮頸出現問題
- 孕婦有吸煙習慣
- 屬於高齡或幼齡孕婦
- 孕婦產道發炎
- 胎兒羊水過多
- 妊娠高血壓為導致早產的主要原因

遲產多發生在第一胎

　　導致孕婦出現遲產的原因，則與早產的原因不同，例如：

- 遲產多發生在第一胎
- 孕婦以往有遲產的問題
- 屬於高齡孕婦
- 家族遺傳，即孕婦家族也有人有遲產經驗
- 孕婦體重過重
- 孕婦的體重增長過度
- 孕婦懷有畸胎，例如無腦畸形

孕婦曾自責

當孕婦遇上早產的情況，也許會經常怪責自己，認為是因為自己的錯失，而導致胎兒早產，影響胎兒健康。另外，產婦亦需要付出很大體力及精神照顧早產嬰兒。倘若處理不善，會導致早產嬰兒發育不良、腦缺氧、弱智、腦麻痺，嚴重的話甚至死亡。

可致發育不良

如果遲產嬰兒出生後出現後遺症，產婦有機會不斷自責，於精神及體力上亦要付出更多來照顧患病的嬰兒。若果照顧不善，同樣可能會導致嬰兒發育不良、骨折、腦缺氧、弱智、腦麻痺，甚至死亡。

了解早產遲產徵兆

當孕婦出現早產或遲產的狀況前，都會有一些徵兆，孕婦需要多注意自己的身體狀況，倘若出現以下徵兆，應盡快求醫，避免情況惡化。

正確生產徵兆

相信許多初次懷孕的婦女都有這個疑問，就是不清楚一般生產有何徵兆。如果孕婦有陣痛，即是有規律的子宮收縮，並有痛楚的感覺，而這種感覺維持 15 秒以上，以及出現見紅或穿水任何一個徵狀，都是開始作動的徵兆，這時孕婦需要盡快到醫院進行檢查和準備生產。孕婦在懷孕後期可以準備走佬袋物品，及早做好準備，避免突然作動時出現混亂的情況。

早產 4 大徵兆

當孕婦有機會早產，王醫生説她們會出現以下 4 個徵兆，孕婦必須注意：

徵兆 1：陰道流血

孕期陰道流血的原因很多，少量出血可能是流產的先兆，孕婦在懷孕初期和中期要特別注意，有時宮頸炎症、前置胎盤或胎盤早剝時也會出現陰道流血的現象。如果孕婦在懷孕後期（第 29 至 36 周時）出現子宮有規律收縮，並伴隨陰道流血且出血量較多，很可能是早產的徵兆，應立即前往醫院檢查。

德國 **RECARO**

EASYLIFE ELITE 2
嬰兒手推車

輕便實用　一應俱全
Comfortable, Practical and Everything in Between

單手收車，摺疊後可自行站立
One-handed folding mechanism & self-stand after folding

可調節靠背和腳托至平躺
Fully adjustable backrest and legrest for a lie-flat position

適合初生至約3歲
(最大承重15千克)
Suitable for newborn to approx. 3 years
(max. weight 15kg)

附有前欄同風雨套
Bumper bar and rain cover are included

www.recaro-kids.com

如果沒有妥善照顧早產兒，可以導致嚴重的後果。

徵兆 2：腹部疼痛

孕婦於懷孕 29 至 36 周時，子宮收縮頻率每 10 分鐘 2 次以上，孕婦會開始感覺到痠痛，有點類似月經來臨般的腹痛，不只下腹部不舒服，還會痛到腹股溝，甚至有持續性下背痠痛，嚴重的還會伴隨陰道分泌物增加及陰道出血，出現這些情況，應該就是屬於早產的陣痛，這時應立即尋求醫生的診斷。

徵兆 3：穿羊水

早期破水也是早產的徵兆。孕婦在懷孕 29 至 36 周期間，如果陰道中有一股溫水樣的液體，如小便般無法控制地慢慢流出，就是早期破水，是早產的徵兆。在一般情況下，破水後會馬上開始陣痛，此時需要把孕婦的臀部墊高，最好讓她們平臥在乾淨護墊上，並馬上送醫院就醫。

徵兆 4：背痛

雖然腰痠背痛是懷孕中後期會出現的普遍現象，但早產引發

的疼痛頻率比較規律（一陣一陣的疼痛感），不會一直持續也不會在變換姿勢的時候才冒出來。

沒有徵兆

正常孕婦的預產期在 37 至 42 周之間，但遲產的孕婦，她們過了預產期，大約在第 40 周仍然沒有任何生產的徵兆，孕婦便會開始緊張，這時最佳處理方法，是徵詢醫生意見。

早產嬰發育不全

由於未足月出生的緣故，早產嬰兒很多器官都尚未發育成熟，因此，可能會導致他們於出生後出現許多問題。產婦為了照顧早產嬰兒，需要付出更多時間及精神來照顧他們，可謂身心俱疲。

對早產嬰影響

王醫生表示，早產對胎兒來說，可能會帶來多方面的影響，值得孕婦注意。

影響 1：發育不全

孩子與同齡的人相比，某種能力或會表現得較弱或有缺失的情況。除了腦部發育不全，還可能出現消化及呼吸系統發育不全、心臟發育不全等多種情況。

影響 2：抵抗力弱

嬰兒抵抗力弱較易患病、受感染。

影響 3：呼吸中樞不成熟

早產嬰兒呼吸中樞發育不成熟，可導致呼吸暫停，嚴重者甚至會有生命危險。

影響 4：腦缺氧

大腦細胞受損，日後可能出現智力低下或運動障礙等後遺症。如患病的寶寶抵抗力弱，亦會較容易出現吸入性肺炎。

影響 5：吞嚥困難

或會引致營養不良、脫水、吸入性肺炎，故必須正視。

影響 6：肝功能不完善

不能夠排出體內的一些物質，導致出現新生嬰兒黃疸。

誕下早產嬰兒，加上嬰兒身體較弱，產婦可能會不停責怪自己。

影響 7：凝血功能差

凝血功能差會影響嬰兒健康，有機會出現流血不止等嚴重情況。

影響 8：低血糖

早產嬰兒血糖低可能會影響智力。初生嬰兒腦細胞對葡萄糖的利用率大，因此低血糖可以對早產兒造成不可逆轉的腦損傷。

影響 9：低血鈣

低血鈣對嬰兒影響可輕可重，輕者可以沒有症狀，重者足以致命。

對早產嬰媽咪影響

誕下早產嬰兒，加上嬰兒身體較弱，產婦可能會不停責怪自己，認為是自己的問題令嬰兒早產，導致嬰兒身體虛弱。此外，為了照顧早產嬰兒，令他們盡快健康起來，產婦需要付出更多時間及心機照顧嬰兒，令她們體力及精神虛耗較大。

可致死亡

如果沒有妥善照顧早產兒，可以導致嚴重的後果。王醫生認為，如果早產嬰的情況處理不當，可以導致他們發育不良，令他們腦部缺氧、弱智、腦麻痺，甚至死亡，後果堪虞，產婦必須注意。

遲產嬰容易難產

早產嬰固然問題多多，遲產嬰的問題亦不少。由於遲產的原因，令胎兒體形變大，孕婦較難順產。胎盤亦會出現老化的現象，造成胎兒缺氧。此外，胎兒排便亦會產生胎糞吸入綜合症候群。

對遲產嬰影響

影響 1：羊水減少

羊水太少對孕婦自身不會造成影響，也不會有不適症狀，孕婦可能只會因為胎兒空間變小而感覺胎動減少，但這對胎兒的影響卻很大，包括肺部發育不良、肢體與臍帶受壓迫。一旦胎兒肺部無法完全擴展，很容易影響其肺部發育。同時，肢體因為空間不足而受到壓迫，胎兒的腳有可能出現內翻的情況；而假若胎兒長期維持同一個姿勢，待出生後往往必須進行物理治療，以恢復正常肌肉功能及矯正姿勢。臍帶受壓迫令人最擔心的是胎兒營養狀況不佳，進而影響生長，甚至可能因急性壓迫導致胎死腹中。

影響 2：胎盤老化引致胎兒缺氧

胎盤老化就可能造成胎兒宮內缺氧，不僅影響胎兒的生長發育，甚至有生命危險。因此，如果發現胎盤老化，應注意嚴密監護，必要時採取催產或剖宮產終止妊娠。

另外，胎兒會排糞便，產生胎糞吸入綜合症候群：胎兒會在宮內或娩出過程中吸入被胎糞污染的羊水，導致氣道阻塞，繼而引發肺內炎症和一系列全身症狀，出生後多出現呼吸窘迫的症狀。

影響 3：42 周後，胎兒骨質變硬，容易難產

難產的影響因素包括產力、產道、胎兒，以及產婦的精神心理因素。以上四種因素相互影響，任何一項或多項異常均可導致難產的發生。難產的潛在後果具體如下：

對產婦的影響：可能會引起產程延長、產婦體力衰竭、酸中毒、電解質紊亂、尿瀦留、產後出血、急產、嚴重產後併發症、先兆子宮破裂等情況。

對胎兒的影響：引起胎頭水腫、血腫，產程延長時，也可導致胎兒窘迫、新生兒窒息等嚴重併發症。

影響 4：胎兒體形變大，減少順產機會

胎兒體形變大是生產期間最大的問題。若採用自然分娩，容

對於遲產嬰的媽媽而言，最大的影響是照顧遲產嬰。

易出現難產、肩難產或產道裂傷。而採用剖腹生產，則會因脂肪層厚使傷口處理較為費時、傷口感染機會較大，而影響癒合等狀況。至於因子宮收縮不良而引起產後大出血，則是自然分娩與剖腹生產都可能遇到的問題。

對遲產嬰媽媽影響

對於遲產嬰的媽媽而言，最大的影響是照顧遲產嬰。由於遲產嬰多存在不少健康問題，往往會較照顧一般的新生嬰兒更花精力及時間，令媽媽身心俱疲。

小心照顧早產遲產嬰兒

早產嬰及遲產嬰因為先天不足，導致他們健康受影響，家長在照顧他們時必須格外小心，避免健康問題加劇。

早產嬰多出現的問題

- 呼吸功能暫停引發腦缺氧
- 黃疸
- 嘔吐引發吸入性肺炎
- 內出血
- 弱智
- 死亡

照顧早產嬰

給予足夠營養

產婦要定時餵嬰兒，宜以母乳餵哺，母乳營養豐富，能夠給嬰兒提供足夠營養。由於早產嬰可能胃口不及一般嬰兒，產婦可以給嬰兒少食多餐，讓他們吸收足夠的養份，才能健康發育。

新生嬰兒黃疸

給予足夠的餵食量，充分的奶量可以促進膽紅素的排出。須注意黃疸變化的程度，並回醫院覆診。若有以下情況，請立即帶寶寶到醫院求診：

- 皮膚泛黃速度很快，由臉延伸至胸部、腹部。
- 寶寶活動力下降、顯得較軟弱、吸吮力減弱、嗜睡、嘔吐、發燒、茶色尿、灰白或黃白色大便等現象。

常規檢查

按指示定期帶嬰兒到診所進行檢查，讓醫生仔細檢查嬰兒，如發現有任何問題，能盡快治療，避免問題加劇。

疫苗接種

由於早產嬰兒免疫力較弱，容易受感染而患病，所以產婦應該按指示安排嬰兒注射適合的疫苗，藉以減低他們患病的機會。

充分攝取微量元素

微量元素包括碘（I）、鐵（Fe）、鋅（Zn）、硒（Se）、氟（F）、鉻（Cr）、銅（Cu）、錳（Mn）及鉬（Mo)。嬰兒缺乏微量元素可以引發不同疾病。產婦要給予嬰兒進食多元化的食物，從中吸收不同營養。

避免搖晃綜合症

產婦千萬別把嬰兒搖晃，避免導致搖晃綜合症。搖晃綜合症可導致嬰幼兒發展遲緩或造成嚴重的腦損傷，造成終身殘疾，甚至致命。

產婦有任何不適還是及早求診，胡亂服藥可能加重病情。

遲產嬰多出現的問題

- 大部份遲產嬰健康狀況皆良好
- 嚴重者可能缺氧，損害腦細胞
- 弱智
- 發育障礙

照顧遲產嬰

正常照顧

因為遲產嬰身體器官發育已經完成，如果沒有出現任何併發症，以照顧一般嬰兒的方式來照顧他們便可。

定期檢查

假如遲產嬰兒出現後遺症，產婦便需要按指示定期帶嬰兒到母嬰健康院或診所進行檢查及覆診。

避免進食雌激素食物

不論是早產嬰或遲產嬰的媽媽，產後都需要有足夠的休息，避免進食含雌激素的食物，保持均衡飲食和平穩的情緒，身體便可以盡快復原。

注意 1：避免進食雌激素及行血食物

很多產婦都會於產後進補，藉以補充於懷孕及生產期間所流失的營養。因此，很多產婦都會煲一些具有補血補氣功效的中藥材湯飲用，例如當歸、人參、鹿茸等。這類藥材無疑具有補身作用，

但並不適合產婦食用，由於它們有行氣活血的功效，會加劇惡露，甚至出現血崩。飲食應以清淡為主，以補充足夠營養為目標。

注意 2：注意惡露情況

不論是早產或遲產的產婦，她們都需要注意惡露的情況。如果察覺惡露有任何異樣，如顏色或流量有任何不尋常，便應該盡快求診，讓醫生仔細檢查，及早治療，避免情況轉差。

注意 3：小心處理傷口

產婦必須小心處理傷口。自然分娩需要進行會陰傷口護理，可以在每次大小便後用花灑從前向後清洗會陰，然後用棉花抹乾，並勤換衛生巾，注意個人衛生，會陰傷口就很快痊癒。如果會陰傷口發炎，或有裂開的現象，便要去見醫生作檢查。

剖腹生產拆線以後，如果傷口沒有爆裂或發炎，那就可以如常地每天洗澡。如果拆線前要洗澡，那就需要保護傷口，避免弄濕。如果傷口有發炎跡象，例如疼痛、紅腫、有滲液流出或傷口爆裂，便需要立即見醫生作檢查。

注意 4：保持穩定情緒

不論是早產或遲產的產婦，她們或許會自責，認為是自己的問題令嬰兒健康受影響。加上需要花很多時間及精神照顧嬰兒，令她們心力交瘁。建議產婦情緒低落時，不妨向親友傾訴，甚至尋求專業人士協助，避免令問題惡化而患上抑鬱症。

注意 5：定期檢查

除了嬰兒需要定期進行檢查外，產婦亦需要定期進行檢查。產後檢查非常重要，可以盡快找出並及早解決問題。

注意 6：餵哺母乳

母乳是嬰兒最好的食物，在哺乳的過程中，對於母親及嬰兒的心理及生理均有莫大裨益，同時可以令彼此的關係更加親密。

千萬別胡亂服藥

產婦在坐月期間，不論是自己或是嬰兒遇上任何不適，都千萬別胡亂服藥，始終不清楚成藥的成份，未必人人適合，加上早產及遲產嬰兒身體較為虛弱，有任何問題最好儘快帶他們求診，不要延誤。產婦亦然，有任何不適還是及早求診，胡亂服藥可能加重病情。

臨盆分娩
突發事點解救？

專家顧問：周寄雯 / 婦產科專科醫生

懷胎十月終於進入了臨盆階段，分娩過程除了帶給媽媽十級痛楚，還會帶給她們十級驚心動魄，因為分娩的產程隨時會出現不少變數，例如胎兒臍帶纏頸、孕婦血壓驟升、胎兒心跳突然下降等。本文婦產科專科醫生細數香港孕婦最常見的 5 個臨盆分娩突發事，並教大家怎樣解救。

所有孕婦也有機會遇突發事？

懷胎十月，每個孕婦都希望母子平安，寶寶能夠順利誕生，但是意外總難以預計。任何孕婦也有機會於分娩時遇上突發事，治療方法因人而異，視乎孕婦及胎兒情況而定。倘若稍有差池的話，隨時影響母子健康，危及生命。為了胎兒及自己健康著想，孕婦謹記定期進行檢查，及早發現問題，盡早處理。

幾類孕婦較易有機會

婦產科專科醫生周寄雯表示，任何孕婦也有機會於分娩時出現突發事故。在懷孕的過程母親與寶寶二合為一，但當分娩時，寶寶便需要與母體分開，依靠自己獨自呼吸生存；分娩時的子宮收縮及產後出血亦會對於孕婦的心肺功能構成壓力，所以，便很容易出現突發事故。一般而言，某幾類孕婦是較高風險的，她們較一般孕婦更容易於分娩時出現突發事情。

- 高齡孕婦；
- 某些孕婦一直患有某些內科疾病，例如糖尿病、高血壓、心臟病、腎病或紅斑狼瘡症；
- 懷有雙胞胎或多胞胎的孕婦。

不能一概而論

由於突發事故有很多，即使是同一事件，但由於每人情況也不同，所以治療方法都不相同。周醫生表示，當遇上突發事情時，醫生會視乎孕婦及寶寶的情況而定決定治療方案。醫生會考慮胎兒的周數，例如是否已經足月，然後才決定採用甚麼治療，當決定治療方法後，醫生會與孕婦及其丈夫商量，了解他們的意願，大家決定最適合的治療方案，取得他們同意後才進行治療。

周醫生說孕婦的預產期為第 40 周，37 周或以後出生的寶寶便稱之為足月出生，如果寶寶因突發事故而需要在 37 周或以後出生，因為已經足月，一般而言不會有太大問題，孕婦不需要太擔心。若是寶寶需要早於 37 周或以前出生，便屬於早產嬰兒。如果寶寶在 34 周或以後出生，因為發育相對成熟，通常較少出現嚴重問題。但若早過 34 周出生便需要留意，因為寶寶的肺部及腸臟功能發育尚未成熟，可能需要較多支援，例如新生嬰兒深切治療。

孕婦應該定期進行產前檢查。

危及性命

對於孕婦而言，於分娩時遇上突發事情，她們最擔心的當然是危及寶寶性命，導致胎死腹中。另外，她們亦會擔心寶寶倘若早產，各器官發育未完全，日後可能會出現早產併發症，影響生長。另外，周寄雯醫生表示，準媽媽一般希望可以按照計劃進行生產，如果出現意料之外的情況，可能會造成焦慮。

後果可大可小

於分娩時遇上突發事情，還有機會出現以下情況，後果可大可小：

- 胎兒吸收欠佳、以致發育不良；
- 胎兒缺氧；
- 在生產過程中受傷，例如骨折；
- 胎死腹中；
- 由於發生突發事情，令孕婦受驚嚇，嚴重者可以引致創傷後遺症及產後抑鬱等問題；
- 生產過程大量出血，影響孕婦的血壓及生命；
- 血壓過高以致孕婦中風，甚至死亡。

未必有先兆

當然能夠防患未然就是最好，能夠及早察覺，然後盡快治療，便可保母子平安。但是既然是突發事故，很多時也未必有任何徵兆。雖然如此，孕婦還是應該定期進行產前檢查，醫生察覺有任何問題，便可以及早治療，避免問題惡化。

5 個臨盆分娩突發事

以下列舉 5 個於臨盆分娩時常見的突發事，包括妊娠型高血壓、胎兒心跳驟跌、催生無效變剖腹生產、胎兒臍帶纏頸及胎位不正，現由婦產科醫生周寄雯為大家逐一拆解。

突發事件 1：妊娠型高血壓

可以導致併發症

周寄雯醫生表示，如孕婦於懷孕期約 20 周後，或於產後 6 星期內突然高血壓的情況，便可界定為妊娠型高血壓。正常的血壓狀況，應該是上壓低於 140，而下壓低於 90，倘若超出這個標準便為之高血壓。

當孕婦患上妊娠型高血壓時，並出現蛋白尿、嚴重水腫、嚴重頭痛、視力模糊、上腹疼痛、嘔吐等徵狀，則有可能出現妊娠毒血症的情況。

胎盆功能差所致

導致孕婦患上妊娠型高血壓或妊娠毒血症的原因，研究普遍認為是基於懷孕早期胎盤發展異常所致。若孕婦有以下高危因素，便會有較高機會出現妊娠型高血壓或妊娠毒血症：

- 孕婦本身患有糖尿病、血壓高、紅斑狼瘡症
- 過往懷孕曾患妊娠毒血症
- 近親有妊娠毒血症的懷孕病史，例如母親及姊妹
- 高齡孕婦
- 第一次懷孕
- 身材肥胖
- 懷有雙胞胎，甚至多胞胎的孕婦

怎樣預防：藥物控制

現時有研究證實可以通過早期風險評估及篩查，識別高風險因素的孕婦，以採取預防措施降低妊娠毒血症的機會。篩查方法包括量度平均動脈壓、抽血檢驗血清胎盤生長因子，以及以超聲波檢測子宮動脈搏動指數。為了減低高風險的孕婦出現妊娠型高血壓及妊娠毒血症的機會，醫生會在其懷孕至第 16 周前，處方低劑量的亞士匹靈，可將患病率降低至少 60%。

引發全身痙攣

周醫生認為，如果未能及時解決問題，情況嚴重的話，孕婦可能會出現全身痙攣、昏迷、缺氧，甚至影響腎臟及凝血功能。小寶寶方面，有機會因為未能吸收足夠營養而影響生長。

先判斷嚴重程度

倘若孕婦患上妊娠型高血壓，醫生會為她們檢查是否同時患上妊娠毒血症，病情的嚴重程度，以及孕期到達甚麼階段。理論上只有及早分娩才可以醫治好妊娠毒血症，但若胎兒太早出生會影響其發育，所以，醫生會視乎病情的嚴重程度、孕婦的情況，以及胎兒的成熟程度，盡量平衡雙方風險，才安排孕婦生產。其間醫生會為孕婦控制血壓，有需要時處方抗癲癇藥，以及為胎兒注射強肺針。倘若病情嚴重而需於較早周數分娩，胎兒出生後便有可能需要於深切治療部留院觀察。

突發事件 2：胎兒心跳驟跌

持續 15 秒心跳率低

周醫生表示，一般正常胎兒的心跳每分鐘為 110 至 160 下。如果胎兒心跳頻率下降，每分鐘心跳低過 100 下，並持續多於 15 秒，這樣便可以界定為胎兒心跳頻率低。

對頭部擠壓

當孕婦生產時，每次的子宮收縮，對於胎兒來說都是一個重大考驗。子宮劇烈的舒張會對胎兒的頭部造成擠壓，使其心跳減慢，如反覆而頻繁地出現這現象，則可能導致心跳無法回復正常，令胎兒大腦出現缺氧的情況。另外，如果臍帶受壓，或是胎盤出現問題，也有機會導致胎兒心跳驟然下降。

怎樣預防：難以預防

孕婦較難預防胎兒心跳驟然下降的情況。孕婦可以透過進行產前檢查，監察胎兒有沒有出現臍帶纏頸、胎兒偏細等情況；孕婦可以選擇採用剖腹生產的方式，以減低對胎兒的壓力。倘若在懷孕過程中，孕婦及胎兒並沒有大礙，過程順利的話，只要定期進行產前檢查，並在產程中讓醫生監察胎兒心跳及宮縮情況便可以了。

臍帶受壓，或是胎盤出現問題，也有機會導致胎兒心跳驟然下降。

導致腦部缺氧

周醫生表示，原則上最大影響是導致胎兒腦部缺氧，令腦部受損。如情況持續，嚴重者可能會出現胎死腹中的後果。可想而知，胎兒心跳驟然下降是一個非常嚴重的問題。

緊急生產

當出現胎兒心跳驟然下降時，醫生會考慮是否有其他原因導致，例如孕婦缺水而影響自身的血壓，從而影響胎兒的心跳，如此補充足夠的水份便可以逆轉。另外，可以嘗試改變躺臥的位置，如果姿勢是側向左邊的，便轉向右邊；如果是側向右邊的，便側向左邊，以紓緩對臍帶的擠壓。另外，如過度使用催生藥以致子宮收縮過於劇烈，也會令胎兒受壓，如此的話通過調校藥量或可改善情況。

如果情況非常嚴重的話，醫生會考慮為孕婦進行緊急生產，但要視乎孕婦的產程而決定採用剖腹生產或是使用儀器助產。

突發事件 3：催生無效變剖腹生產

18 小時可進入產程

催生的意思，是醫生為孕婦使用催生藥，幫助她們的子宮頸軟化，以及使用催產素引發強而規律的子宮收縮。若足月懷孕仍無產兆，通常會先使用子宮頸軟化藥物，讓子宮頸稍微擴張後，然後給予催產素，讓子宮開始有規律收縮。有研究表示，一般採用催生藥 18 小時內，孕婦可以進入產程，達至自然分娩。

2/10 孕婦會如此

周寄雯醫生表示，在 10 名孕婦中會有 2 名因為催生無效，而需要轉為剖腹生產，原因是這些孕婦即使給予她們使用催生藥也無法令宮頸擴張，但究竟為何如此，仍未能找到明確的原因。如催生後產程進展仍然停滯不前，或待產過程中出現胎心跳下降、胎兒窘迫等問題，也可能必須改以剖腹產。

影響心跳

如果孕婦一直未能進入產程，而不斷地催生的話，會令胎兒受壓，影響胎兒的心跳，可能會出現心跳突然下降。另外，不斷催生也有機會導致孕婦的子宮爆裂，導致孕婦出現子宮大出血及胎兒心跳下降的情況，情況非常危險。所以，醫生不會無了期地為孕婦進行催生，通常嘗試 8 至 10 小時，如果催生無效，便會為孕婦剖腹生產。

商量有利方法

如果已經催生了一段時間，孕婦仍未能進入產程的話，醫生便會考慮當前的情況，觀察胎兒及孕婦的狀況，然後與孕婦商量採用哪種生產方式對她們有利。有個別孕婦可能會嘗試繼續催生，希望能成功自然分娩，但最終只有小部份能夠成功，而其他則須改以剖腹生產。周醫生認為，最後決定以何種方式生產，要

怎樣預防：令子宮頸軟化

如因為臨床因素而需要催生，醫生會先為孕婦檢查子宮頸，確保子宮頸成熟程度合乎理想。如果子宮頸不夠成熟，醫生會在子宮頸塞藥，令子宮頸軟化，這樣能夠減低因子宮未能擴張而催生失敗的機會。

胎兒比較活躍，在胎盤內不停郁動，容易令他們被臍帶纏頸。

考慮個人的承受能力、胎兒所受的壓力及孕婦的體力，每人情況都不相同，必須慎重考慮清楚。

突發事件 4：胎兒臍帶纏頸

臍帶長易纏頸

周寄雯醫生解釋，於孕婦的子宮內有胎水及胎盤，胎盤是供應血液及養份給胎兒的組織，而臍帶就是把它們與胎兒連繫起來，將養份輸送給胎兒，藉以幫助他們成長。臍帶是非常長的，它比胎兒的身高還要長。臍帶除了有機會纏繞胎兒的頸項外，更有機會纏繞他們的四肢及頭部。

郁動頻密易纏繞

胎兒被臍帶纏頸的情況是非常普遍的，大約每 4 個寶寶便有 1 個被臍帶纏頸。導致胎兒出現臍帶纏頸的情況有不同原因，有些孕婦的胎水特別多，子宮內有許多空間，便很容易令胎兒在內移動，這樣他們便很容易被臍帶纏頸。另外，有些胎兒比較活躍，在胎盤內不停郁動，這樣亦容易令他們被臍帶纏頸。

可能要早產

如前文所言，胎兒被臍帶纏頸是非常普遍的事，孕婦不需要太過擔心，現時很少發生胎兒被臍帶纏頸而導致死亡的事件，胎

兒被臍帶纏頸一般並沒有大問題，只要醫生一直監察着便可以。除非有極端的情況孕婦才需要擔心，例如臍帶打了死結或是臍帶纏頸數圈，而且纏得非常緊，此等情況便非常緊急，在這樣的情況下，便可能需要以剖腹產分娩。

頭部出來便解開

周醫生表示，以前的孕婦很少進行產前檢查，所以多是於分娩時才發現臍帶纏頸。現在由於孕婦普遍會進行產前檢查，醫生可以提早察覺問題，並及早計劃分娩方案。周醫生又指，如果臍帶纏頸並不太緊，只是輕輕的纏着，一般沒有大礙，當胎兒出生時，他們的頭部先向下、先行出來，便可以立即解開臍帶。但有時臍帶纏頸也有機會於自然分娩的過程導致胎兒心跳下降，這時便需要為孕婦剖腹生產，盡快取出胎兒了。

怎樣預防：定期產檢

其實沒有方法可以預防胎兒被臍帶纏頸，唯一可以做的，便是孕婦定期進行產前檢查，以及留意檢測胎兒胎動的次數，如果胎動次數減少了，便需要擔心血供應是否出現問題。醫生可以透過超聲波為孕婦進行監測，及早發現是否有臍帶纏頸情況。

突發事件 5：胎位不正

頭部不是向下

周醫生表示，正常的胎位是胎兒的頭部向下，若然胎兒頭部不是向下，便屬於胎位不正。大部份胎兒的頭部都是向下，足月的胎兒來說，有 7 至 8% 其頭部是向上；另外有 3 至 4% 的胎兒會向橫或向斜，這些都屬於胎位不正。

母子也有原因

孕婦方面：

- 其子宮形態不正常，例如雙角子宮，子宮內有隔膜，或有子宮肌瘤；
- 子宮比較鬆；　　　　　● 胎水過多導致胎兒胎位不定；
- 胎盤前置；　　　　　　　● 雙胞胎或多胞胎；
- 如果孕婦上次懷孕也是胎位不正的話，第二次懷孕會增加胎位

導致胎兒不轉頭有許多因素，通常出現在懷孕至第 32 至 34 周。

不正的機會。

胎兒方面：

- 胎兒體積太小，令他們易於轉動；
- 胎兒腦部問題，例如腦積水、無腦症。

可致缺氧

以前孕婦以超聲波進行檢測並不普及，很少孕婦進會行產前檢查，所以，很多時未能及早找出問題，盡早解決。如果出現胎位不正，穿胎水時可以導致臍帶脫垂，影響胎兒生命。若是胎兒頭部向上，臀部向下的話，生產時便會非常危險，因為當他們的身體先出來後，由於頭部仍在母體內，如未能及早完成分娩，則有機會導致缺氧，危及性命，生產過程亦有較高的胎兒骨折風險。因此，如果孕婦胎位不正，便可以考慮進行推肚或剖腹產。

考慮推肚

導致胎兒不轉頭有許多因素，通常懷孕至第 32 至 34 周，胎兒便會把頭轉向下，如果懷孕至第 36 周胎兒的頭仍未轉向下的，孕婦便可以考慮進行推肚。推肚的正式名稱為胎位外轉術，需要在孕婦尚未作動前進行。但孕婦進行推肚都有一定風險，即使能夠把胎兒轉向正確位置，也有機會導致胎盤剝離、胎兒被臍帶纏頸、胎兒心跳下降等情況，這時需要為孕婦進行緊急剖腹生產。

預防方法：定期做產檢

胎位不正難以預防，最佳的預防方法，都是孕婦定期進行產前檢查，醫生為孕婦進行臨床檢查，或透過超聲波監測胎兒的情況，如發現有任何問題，都能夠及早解決，避免令問題惡化，後果不堪設想。

懷孕後期
10 件必做事

專家顧問：譚靜婷 / 婦產科專科醫生、李素珍 / 陪月服務公司負責人、Kirsten.W/ 女攝影師、
何庭軒 / 註冊中醫師、麥文科 / 中國香港健美總會教育部主席、楊穎兒 / 婦產科專科醫生

　　孕媽媽在整個孕期有許多事情需要準備，懷孕至後期，生產日子逐漸迫近，孕媽媽是否還有許多事情需要準備，但仍未準備好？本文與你倒數孕期最後階段需準備的 10 件事。

懷孕後期身心變化

整個懷孕期可以分為前、中及後期，共三個階段。每個階段胎兒及孕婦都會出現很多變化，特別是來到後期，孕婦各方面都要準備生產，不但生理上出現轉變，心理上亦會有所改變。倘若孕婦未能妥善處理這些變化，可能會影響她們身心的健康。

第 28 周後

整個懷孕期共有 40 周，14 周以前為第一期，稱為懷孕前期；14 至 28 周為第二期，稱為懷孕中期；28 至 40 周為第三期，稱為懷孕後期。這樣區分 3 個懷孕期，孕婦便能清楚了解自己懷孕到哪一階段了。

生理變化大

婦產科醫生譚靜婷表示，當孕婦懷孕至第 28 周，踏入懷孕後期時，她們在生理方面會出現以下變化：

❶ 腰痠背痛
❷ 水腫
❸ 假性宮縮
❹ 尿頻
❺ 胃酸倒流
❻ 失眠或嗜睡
❼ 便秘
❽ 痔瘡
❾ 陰道分泌物增加
❿ 靜脈曲張
⓫ 抽筋
⓬ 出現妊娠紋

心理受影響

孕婦到了懷孕後期，除了生理上出現多種變化外，於心理上也會有所轉變。孕婦會因生理上的各種變化而感到不適，加上胎兒即將出生，孕婦感到自己身份開始轉變，亦會擔心胎兒的健康及照顧初生嬰兒等問題，無形中為孕婦帶來不少壓力，如果未能好好紓緩壓力，便會令孕婦出現焦慮、擔憂的情緒問題。

應該盡快求醫

孕婦必須妥善處理懷孕後期出現的各種變化，否則會影響身心健康。譚醫生建議，如果孕婦感到任何不適，或是出現任何異狀，千萬別自行購買成藥服用，或以不適當的方法處理，最理想的方法是尋求醫生的協助，服用或使用經醫生處方的藥物，這樣才能減少對身體及胎兒的傷害。

此外，如果孕婦感覺壓力大或焦慮不安，可以與親人好友傾訴，這是非常有效紓緩壓力的方法。倘若始終感到未能釋懷，整天仍擔憂着很多事情且無法解決，應盡快尋求專業人士協助，避免令問題變得更加嚴重。

影響身心

當孕婦感到任何不適，適當的治療是十分重要的，倘若未能適時處理，會影響孕婦的身心健康。而在情緒方面，如不予以正視並尋求適當的宣洩途徑，更有可能令孕婦出現抑鬱症。所以，譚醫生再次提醒孕婦，如遇上任何問題，應該盡快尋求專業人士以接受適當的治療，切勿胡亂服藥，避免影響自己及胎兒健康。

倒數孕期最後階段 10 件事

來到孕期最後階段，孕婦心情應該非常緊張，但亦會非常興奮，因為快將可以與孩子見面。但另一方面，卻有許多事情需要準備，現在由各位專家為孕婦提供意見，教教大家在這段期間需要準備甚麼。

1. 拍攝孕婦寫真 (孕期 26 至 32 周)

近年非常流行拍攝孕婦寫真，很多孕婦都希望為這難忘的一刻，留下美好的回憶。現時坊間有許多影樓為孕婦拍攝懷孕寫真。究竟孕婦在甚麼時候拍攝最適合？拍攝的過程又有甚麼地方需要注意？由 Yours Memory Photographs 首席女攝影師 Kirsten W. 為孕婦提供專業意見。

肚子大小適中

Kirsten W. 建議孕婦，一般在孕期第 26 至 32 周拍攝最為理想，倘若懷的是雙胞胎，則建議於孕期第 26 至 29 周拍攝。原因是這個階段孕婦肚子的大小會較為適中，肚子不會太細以致拍攝

效果不夠明顯，亦避免肚子較大，導致擺動姿勢困難，而欠缺靈活性，從而影響拍攝出來的美感。而這個階段出現水腫的機會也較細。

放鬆心情最重要

相信懷孕是每位女性在人生中最為難忘而又美好的經歷，在拍攝時最重要放鬆心情，好好的感受 BB 在肚內的每個心跳與動作，同時跟着攝影師的專業意見，這樣不單能夠拍攝出獨特而優美的體態，更能讓攝影師捕捉到真摯而動人的一刻。另外，也不要遺忘準爸爸，爸爸都是重要的主角，因此建議於拍攝前，可以跟爸爸一起準備拍攝的小道具、服裝，並且鼓勵爸爸投入於拍攝中，相信更能仕拍攝過程中營造輕鬆愉快的氣氛。

不受季節影響

由於孕照拍攝一般在影樓進行，因此不太受季節影響，而在冬天亦有暖風提供，確保溫暖。若在夏天進行拍攝，則會建議客人預早時間出門及選擇乘坐較舒適的交通工具，避免在拍攝前大汗淋漓，影響拍攝心情。

與攝影師多溝通

孕婦的體形會因懷孕而出現變化，他建議客人選擇合適自己身形的服飾。攝影師會於拍攝當日與客人進行溝通，了解客人的需要，客人可以向攝影師提出關注的要點，例如她認為身體哪部位較豐滿。攝影師會按照客人的要求，在選取服飾及擺動姿勢時給予專業意見，從而拍攝出優美纖瘦的體態。

2. 處理妊娠紋 (孕期 28 周)

現代孕婦，除了關心自己及胎兒健康，亦都關心自己於懷孕過程有沒有「走樣」，其中妊娠紋護理便非常重要。婦產科醫生說部份孕婦於懷孕 5 個多月便已經出現妊娠紋，孕婦可以透過為皮膚補充水份以增加彈性，來減少妊娠紋，由婦產科專科醫生楊穎兒為大家講解。

腹部最常見

妊娠紋最常出現在腹部、下腹等位置，特別是肚皮位置，會出現粉紅色、紅色、紫色、銀灰色或白色凹陷的線狀細紋。有些脂肪容易積聚的部位，如臀部、大腿、乳房等，甚至大腿內側、手臂，亦有機會出現妊娠紋。一般而言，妊娠紋不痕不癢，只會影響外觀，當踏入懷孕後期，妊娠紋會逐漸變淡。

補充水份

妊娠紋是很難預防的，不過，孕婦可以透過增加皮膚水份及彈性，每天塗抹專為預防及減淡妊娠紋的產品，早晚塗抹並配合按摩，加強保濕，令肌膚保持水潤、彈性。此外，促進身體的新陳代謝，例如控制體重也有幫助，孕婦飲食均衡，減少進食高脂、高糖的食物，在懷孕期間體重增長，每月增加不宜超過 2 千克，整個懷孕期應控制在 11 至 14 千克。孕婦亦可以做適當的產前運動，以避免體重增加過多。

避免使用熱水

日常生活中，孕婦應避免使用過熱的水沐浴，或長時間逗留在開啟暖氣的房內，因為會把皮膚上的水份抽走，令皮膚變得乾燥。

比利時 **doomoo®**

COCOON 安睡睡窩

- 可調節睡窩大小，配合寶寶不同成長階段
- 採用柔軟具彈性有機棉製造
- 可放在嬰兒床，變成床上床
- 魔術活動帶固定寶寶位置

breathable
3D 透氣物料

organic cotton
95% 有機棉
5% 彈性纖維

舒適甜睡小法寶
Sleeping in the comfort zone

 0+

 3-6m

 6m

Buddy 多功能抱枕

- 兼具孕婦枕及哺乳枕功能，靈活方便
- 懷孕期及餵哺時，舒緩媽媽的腰背壓力
- 採用柔軟具彈性有機棉製造

Baby Travel 媽咪袋及便攜式嬰兒床

- 便攜式掛帶，可掛在嬰兒手推車，方便外出
- 媽咪袋及摺合式嬰兒睡籃，一物兩用
- 恆溫儲存格，可存放奶瓶
- 備有多個儲存格，方便儲物

www.doomoo.com

3. 吸收足夠營養 (孕期 28 周)

於懷孕後，由於孕婦需要把養份傳送給胎兒，所以，需要吸收較一般婦女多的養份，特別是懷孕後期胎兒逐漸長大，孕婦亦較容易出現貧血現象。因此，需要小心注意是否吸收足夠營養，現由婦產科專科醫生楊穎兒為大家提供貼士。

均衡營養

懷孕到後期，胎兒迅速成長，需要吸收更多營養，所以孕婦需要注意補充足夠營養，讓自己及胎兒都能夠保持健康。

鐵質：胎兒會從母親身上攝取鐵質，另外，孕婦亦會於分娩時流失血液，因此，孕婦必須為自己及胎兒吸收足夠的鐵質，避免出現貧血，影響健康。孕婦可以多進食牛肉、深綠色蔬菜、豆類。

鈣質：鈣質能夠幫助牙齒、骨骼成長，倘若孕婦未能提供足夠的鈣質給胎兒，胎兒便會從母體上吸取鈣質，令孕婦出現缺鈣的情況，影響其骨骼及牙齒。所以，孕婦要注意鈣質吸收。孕婦應該多飲用牛奶，進食芝士及豆腐等。

纖維質：便秘是許多孕婦出現的問題，而纖維質便有助孕婦排便，避免出現便秘的問題。孕婦應多吃蔬菜及水果，以及多飲水，能夠幫助腸臟蠕動，對於排便有幫助。

蛋白質：蛋白質是構成胎兒器官及細胞分化過程中，非常重要的營養成份。蛋白質豐富的食物有蛋、魚、豆及肉類。

4. 參加產前班 (孕期 30 周)

對於新手父母來説，如何照顧寶寶，以及生產過程可謂一竅不通，完全沒有丁點概念，所以，新手父母可以參加產前班，掌握照顧寶寶及生產的知識，天寶陪月服務有限公司負責人李素珍建議孕婦可以於 30 周參加產前班。

種類繁多

現時坊間的產前班種類繁多，既有由私營或政府醫院舉辦的產前班，亦有由其他私人機構，如陪月公司舉辦的產前班。由不同機構舉辦的課程在收費及內容上都有所不同，孕婦可以憑口碑、個人需要等作比較，揀選適合自己的課程。

湊 B 最重要

對於新手父母來説，能夠學會如何照顧小寶寶是十分重要的，

新手父母可以參加產前班，掌握照顧寶寶及生產的知識。

所以，在挑選產前課程時，最重要是其內容有沒有教授照顧寶寶技巧。其次，有否教授孕婦於分娩時的呼吸方法，只要好好以呼吸法配合分娩，隨着宮縮用力，便能順利分娩小寶寶。孕婦練習時宜盤腿而坐，與丈夫一起練習，同時要加以想像，勤加練習。

產後護理

此外，孕婦亦要了解有否教授產後護理的內容。坐月子對於產婦來說是非常重要的，產婦必須在這段期間好好休息，小心處理傷口，吸收足夠的營養，才能補充於懷孕及分娩時流失的養份。

一般產前班項目

- 產前護理
- 分娩認識
- 營養須知
- 產前產後運動
- 產後護理
- 產前產後情緒管理
- 初生嬰兒護理

懷孕後期做適量的運動更有助生產。

5. 產前運動 (孕期 36 周)

雖然懷孕，但孕婦也不可以整天休息，也需要做適量簡單的運動。運動能夠幫助孕婦消除水腫，避免抽筋，於懷孕後期做適量的運動更有助生產，現由中國香港健美總會教育部主席麥文科為大家解釋運動對孕婦的好處。

運動分兩類

麥文科表示，通常是以運動類型分類，懷孕最初的 3 個月，胎兒比較不穩定，孕婦適合進行輕度活動，如步行及伸展運動。當懷孕達到 12 周後，孕婦可以有規律做低強度有氧運動與肌力訓練。此外、4 個月後腹部隆起明顯，為避免壓迫到胎兒，應禁止做俯臥運動。

產前運動助生產

於臨近生產前的最後階段，因胎兒每天還在生長，所以孕婦做運動的主要目的是幫助分娩，緩解生產時的痛楚。孕婦在懷孕 8 個月後做的運動，不只是為了鍛煉身體，應以減輕背部和腰部肌肉的緊張壓力為主要。

孕婦應避免做劇烈的運動，否則有機會導致胎兒早產。所以，應選擇以舒展為主的運動，再配合呼吸法的練習，通過加強盆底肌肉的訓練，為分娩做好體能準備。

2 款運動推介

麥文科建議孕婦於臨生產前,可以嘗試進行以下的運動,能夠有助分娩,幫助生產。

❶ 簡單肌肉伸展、輕柔音樂伴隨,可減輕分娩前緊張情緒。

❷ 運動呼吸訓練,幫助孕婦在分娩過程中調節呼吸來緩解陣痛,掌握自我放鬆技巧,讓孕婦生產時更易跟隨醫生或助產士的吸氣吐氣等指示及建議。

6. 煲薑醋 (孕期 36 周)

孕婦可於產後食用薑醋,所以,需要於產前預先準備,現在由天寶陪月服務有限公司負責人李素珍教教大家煲薑醋的方法。

煲薑醋 step by step

❶ 燒熱水,放入竹撻,加熱 10 分鐘,取出竹撻,洗淨,用廚紙抹乾水份,再晾乾。

❷ 先將薑刮皮,清洗乾淨。把薑拍鬆,能令薑更加出味,亦可減少辣味。

❸ 在鑊中加入少許油,下薑以中火炒,薑會越炒越黃,代表水份已經蒸發,然後加少許鹽,薑的辛辣味會進一步抽走。

❹ 把竹撻放在煲底,然後放薑,這樣便不怕薑黏底。

❺ 加入甜醋,薑與甜醋的比例為 1:1,即一斤薑一斤甜醋。

❻ 下黑糯米醋,約下 10 斤薑,便注入一瓶黑糯米醋,比例為 10:1。醋一定要蓋過薑,然後以中慢火煲,煮沸後,轉慢火再煲 30 分鐘,熄火。

❼ 以竹筷隔着煲及煲蓋,不要完全蓋上煲蓋,直至變涼,以免焗壞薑醋。

❽ 其後每星期再煲一次,每次待煮沸後再煲 15 分鐘便可,直至煲足 1 個月,薑醋便成。

烹煮及處理雞蛋

❶ 把雞蛋洗淨,放入注了凍水的煲內煮 15 分鐘,取出剝殼。

❷ 把雞蛋用廚紙吸乾水份後,才可以把它們放入薑醋內。其間可以翻動雞蛋,令雞蛋能夠均勻地吸收汁液。

孕婦可於產後食用薑醋。

烹煮及處理豬腳

1. 豬手豬腳洗淨。燒熱水，下 2 片薑，放入豬手豬腳氽水，煮 25 分鐘，熄火，焗 25 分鐘，這樣豬手豬腳會變得腍身。

2. 把豬手豬腳盛起，瀝水，用小刀把豬手豬腳近腳趾位置的白色硬皮切去。然後把豬手豬腳放在水龍頭下沖洗，洗去污垢，這樣能令豬手豬腳變得爽口有彈性。

3. 瀝水後，把豬手豬腳放在隔篩中風乾 45 分鐘，確保沒有水後份加入薑醋內。

4. 把豬手豬腳放入之前已經煮好的薑醋內，煮至冒煙，便蓋上蓋，並在煲與蓋之間放一對筷子相隔以透氣，以免汁液濺出，以慢火煮 20 分鐘便可以。

揀薑醋小貼士

- 揀選有泥的薑，不要揀洗水薑，原因是泥薑新鮮，剛從泥土中挖出來，並沒有被浸洗過。
- 至於醋方面，可以挑選悦和醋，其藥材味適中，烹煮完成的薑醋效果不錯，亦不會太甜。

7. 執走佬袋 (孕期 36 周)

在懷孕期最後一個月，孕婦仍然有許多東西需要準備，其中一項是執「走佬袋」。孕婦需要執齊嬰兒用品、入院文件及產後用品，現在由天寶陪月服務有限公司負責人李素珍為孕婦提供詳細的走佬袋清單。

一般用品 list

1. 覆診卡及記錄卡
2. 手提電話
3. 充電器
4. 信用卡
5. 身份證
6. 驗血報告
7. 筆記本
8. 口罩
9. 手提電腦
10. 酒精搓手液

嬰兒用品 list

1. 初生嬰兒紙尿片
2. 嬰兒濕紙巾
3. 紗巾
4. 嬰兒包被
5. 初生嬰兒底衫
6. 初生嬰兒外衣
7. 帽子
8. 襪子
9. 嬰兒用毛巾

孕婦用品 list

1. 產後衛生巾
2. 卷裝紙巾
3. 24x24 吋床墊 (能避免惡露滲入床鋪)
4. 網褲 (準備 6 至 7 條，較內褲寬鬆舒服)
5. 生理沖洗瓶 (用以清潔陰道)
6. 出院時穿着的衣物 (由於尚未收身，有時產婦會穿着孕婦裙出院)
7. 披肩 / 外套 (視乎天氣)
8. 帽及手套 (視乎天氣)
9. 保濕面霜
10. 脫脂棉
11. 哺乳胸圍
12. 束腹帶 (剖腹生產產婦使用，有助傷口癒合)
13. 水泡枕 (自然分娩媽咪用可紓緩傷口痛楚)
14. 拖鞋

8. 佈置嬰兒房（孕期 36 周）

　　為了迎接新家庭成員，孕婦及家人都有許多東西需要準備，除了為小寶寶購買不同用品外，亦要為他們佈置嬰兒房。天寶陪月服務有限公司負責人李素珍教孕婦佈置嬰兒房的注意重點。

不要太早佈置

　　很多婦女當懷孕後，可能第一時間便思考如何為小寶寶佈置嬰兒房，希望及早佈置，為小寶寶提供一個舒適的居所。但是李素珍表示，在傳統習俗上，不建議孕婦太早為小寶寶佈置嬰兒房，原因是擔心他「小器」。但是她說現在新一代父母做法不同，不過傳統建議在生產前一個月才佈置嬰兒房。

出世後才砌嬰兒床

　　李素珍說，同樣出於傳統習俗，建議孕婦當嬰兒出世後，才為他們裝嵌嬰兒床。這做法與在生產前最後一個月才佈置嬰兒房是同樣道理，主要是擔心胎兒「小器」，所以，便在他們出生後才為他們裝嵌嬰兒床。

貼牆紙

　　由於擔心漆油含有甲醛成份，會對小寶寶健康構成影響，所以，不建議在嬰兒房髹乳膠漆。建議孕婦可以為小寶寶挑選可愛的牆紙，這樣會較為安全，不會對小寶寶的健康構成威脅。

9. 最後階段產前檢查（孕期 37 周）

　　雖然已經踏入孕期最後階段，而孕婦在整個孕期過程中進行了各式各樣的產前檢查，但在此刻孕婦仍需要進行最後的產檢，港怡醫院婦產科名譽顧問醫生譚靜婷表示，最後的產前檢查對孕婦來說非常重要，能夠盡早找出問題，及早治療。

足月作最後產檢

　　在懷孕期間，孕婦一直進行着不同的產前檢查，以確保母嬰健康。當踏入最後階段，大約在懷孕第 37 周，即胎兒足月後，孕婦便需要進行最後的產前檢查，為生產作好準備。

及早找出問題

　　譚醫生表示，最後階段的產前檢查對孕婦及胎兒均非常重要。由於許多懷孕的併發症往往無法事前預測得到，卻通常會在懷孕

建議在生產前一個月佈置嬰兒房。　　　　　　　懷孕第 37 周進行最後的產前檢查。

的進程及生產過程中突然發生，而且沒有任何徵兆。產前檢查的目的，便是及早發現問題，並提早控制併發症，避免問題惡化，影響孕婦及胎兒健康。

進行不同檢查

　　醫生會為踏入最後孕期的孕婦進行不同檢查，確保孕婦及胎兒健康：

- 量血壓：上壓超過 130mmHg，下壓超過 80mmHg，屬於高血壓
- 量身高及體重
- 小便試紙測糖份及蛋白質
- 35 周之後做 B 型鏈球菌篩查：利用無菌棉棒，在陰道口和肛門口採樣檢體，有效期約 5 周
- 監察子宮大小
- 超聲波檢查胎兒大小及胎水量度

病歷資訊

　　醫生會查詢孕婦曾否接受外科或內科手術、月經情況及家族病歷，以及懷孕前有否腎病、糖尿病及心臟病。若非首次懷孕，會了解上胎分娩方法、生產情況，以及胎兒有否出現遺傳病、畸胎，如唐氏綜合症或染色體異常。

10. 清胎毒 (孕期 37 周)

胎毒意思是指孕婦在懷孕過程中，因種種原因而感受毒邪，後傳給嬰兒，引發在嬰兒出生後的各種相關症狀，現在由註冊中醫師何庭軒教孕婦如何清胎毒。

三方面成因

出現胎毒是結合多種不同原因而引發的結果，第一必然相關的是孕婦本身的體質，若孕婦素體偏熱或偏濕，便容易在懷孕期間出現胎毒情況。

其次是懷孕期間的身體變化。在中醫理論中，懷孕時婦女的體質會出現不同方面的變化。第一種變化建基於胎氣對於脾胃運化的負擔增加，易造成脾胃氣虛，故孕婦早期可見惡心欲吐，後期亦可見容易疲累無力、精神不振等情況。脾胃虛弱，運化無力，則易見濕盛，引發濕毒。第一種變化與血虛有關。在孕育新生命的過程中，「血」起着至關重要的作用。因此，孕婦易見血虛情況，體現於容易頭暈、面色無華等。由於血屬陰，血虛亦可引起虛熱。一定程度的虛熱僅造成孕婦怕熱、易出汗等情況，但若虛熱情況嚴重，則引會起胎毒。

第三，是關於孕婦懷孕期間的起居飲食習慣。飲食方面，如孕婦進食過多辛辣、煎炸、菇菌等食物，或過度進補，甚至未能戒除煙酒等習慣時，便極容易引起濕熱胎毒。起居方面，如居住地方濕度太高、日照不足，也容易引起胎毒發作。情志方面也有影響，如懷孕期間經常惱怒、脾氣暴躁，也是胎毒的原因之一；如太緊張而常常失眠，也是另外一個原因。

先確定是否有胎毒

當然，在清胎毒前確認自己是有胎毒情況才去清，否則在無毒可清的情況下，清的便是自己的正氣，這絕對不是正確的做法。如果確定自己有胎毒，那其實在日常生活中，很多食物也有清胎毒的作用。例如一些性質偏涼的食物，如西瓜、綠豆沙、豆腐、腐竹、椰青、荷葉等。清濕毒的食物包括薏米、白蓮鬚、冬瓜皮、粟米鬚、茯苓、白朮等。如果未能確定自己狀況，則應該盡快求醫。

19件走佬袋好物
一件不可少

專家顧問：Fion Yuen/ 荷花親子店長

即將入院分娩的你，除了要收拾心情待產，還要開始執拾「走佬袋」，準備入院的必須品。本文荷花店長為媽媽列出「走佬袋」必備的 **19** 件物品，並為你一一詳述，為何缺一不可！

1. 產婦衛生巾   *2. 網褲*   *3. 床墊*

走佬袋 19 件媽咪好物

雖然入院分娩不過短短幾日，但需要準備的東西可謂種類繁多，有經驗豐富的育兒專家便建議，從媽咪懷孕第 6 個月開始，便需要張羅走佬袋用品，並在懷孕 7 個月前準備好，放在家門口，以應付隨時入院。走佬袋需要準備媽咪用品和嬰兒用品，而本文分基礎用品、產後修復與護理、乳房日常護理，以及母乳餵哺用品四大類，為大家介紹 19 件必不可少的走佬袋媽咪用品！

基礎用品

1. 產婦衛生巾

分娩後媽咪會分泌大量的惡露，持續 1 個月左右，而首周的惡露量最多，然後逐漸減少，因此媽咪需要及早準備好產婦衛生巾。產婦衛生巾與來月經時使用的普通衛生巾相比，吸水量更強，面積亦更大，而普通衛生巾尚不足以應付惡露的流量，容易滲出。分娩後先使用產婦衛生巾，待一周之後分泌量減少，視情況可轉用普通衛生巾。

✓ 好物推薦

台灣六甲村高吸量薄型產墊
台灣六甲村超薄產墊

這兩款產品的面積均為 13×38 厘米，可日夜使用。高吸量薄型產墊採用三重吸收層，加上六角導流紋，快速分流滲入不外漏，保持表層乾爽透氣，平坦棉柔表層，避免摩擦分娩傷口；超薄產墊則更薄身透氣。

2. 網褲

媽咪入院後，平時穿着的棉質內褲可能沒有時間清洗和晾曬，同時分娩後分泌較多惡露，而棉質內褲比較不透氣，容易造成陰道環境悶熱，滋生細菌。因此媽咪可以購入一批即棄網褲，並配合產婦衞生巾使用。有些產婦每次會同時更換產婦衞生巾和網褲，成套丟棄；有些產婦較節儉，一天使用 1 至 2 條，媽咪可視乎需要選購合適數量。

✓ 好物推薦

法國 Bebe Confort 彈性網褲

該產品是一款輕便、高透氣度及具彈性的網褲，舒適柔軟，可固定衞生巾，適合不同身形的產後媽咪在醫院使用。

3. 床墊

防水、用完即棄的床墊是媽咪入院的必備用品。臨近預產期，可以墊一塊在家中的床單之上，預防在家時出現穿水和見紅而弄髒床單和床褥。住院期間，醫院床單不一定換洗頻密，而產後媽咪太累，可能不會頻密到洗手間更換衞生巾，惡露便容易漏出來，弄髒醫院床單。為了避免不便或尷尬，建議媽咪在病床加一塊床墊。

✓ 好物推薦

台灣六甲村加大型產褥墊

60×90 厘米的加長版型，身高 170 厘米的媽咪亦適合使用。採用高分子吸收體，可強力吸收 100 倍液體，而特殊的導流紋路，更能強力吸收、不回滲。

產後修復與護理

4. 束腹帶

順產的媽咪其腹部會產生下垂感，而無論是順產還是剖腹產媽咪，腰骨均會出現無力的情況，因此腰部無法挺直。產後馬上使用束腹帶，有助於子宮的收縮，也可以紓緩腰骨無力和疼痛的情況，並幫助惡露排得更順暢。束腹帶一般在晚上睡覺時毋須使用，白天才需使用。

| 4. 束腹帶 | 5. 骨盆帶 | 6. 女性清潔液 |

✓ 好物推薦

台灣六甲村加強型束腹帶

順產及剖腹產皆可使用，採用棉質材料；舒適又吸汗，雙層加壓，可為剖腹產媽咪固定傷口，減緩疼痛感，並為順產媽咪紓緩腹部下墜感。

5. 骨盆帶

媽咪在懷孕時，為了承托寶寶的重量，盆骨會向外變大，在生產過程中也會被進一步撐大。產後使用盆骨帶束住盆骨，可以保持腰骨挺直，收小和矯正盆骨。一般晚上睡覺毋須使用盆骨帶，白天使用即可。生產後的骨骼疏鬆變形，及時使用骨盆帶和束腹帶可以幫助支撐和矯正骨骼。

✓ 好物推薦

日本犬印簡易式骨盆固定帶（產後）

產後 1 至 2 周的骨盆固定期適用，前扣式黏合讓一個人時也能輕鬆方便着穿，質地柔軟有彈性，採用人體幅度 3D 設計，貼服不捲翹，可自由調整鬆緊與尺寸。

6. 女性清潔液

媽媽在生產後會分泌大量的惡露，同時產道留下傷口，便很容易滋生細菌和感染，因此要做好私處的清潔。在購買女性清潔液的時候，應選擇有機天然成份、無化學物質的產品，避免刺激皮膚和傷口。

✓ 好物推薦

加拿大 Aleva 女性清潔泡沫

適合懷任何女性使用，採用有機金縷梅和天然茶樹精油成份，

不含鄰苯二甲酸鹽、硫酸鹽、氯,於私處塗抹並輕輕按摩,然後用清水沖洗即可。

7. 坐墊

　　媽咪順產的時候,一般會在陰道口剪開一點,方便胎兒出生,然後用針線縫合,但是媽咪在產後坐下時,陰道的縫合處便容易裂開,因此建議準備一個專門讓順產媽咪使用的坐墊。一般產後用坐墊會貼合媽咪的需要設計,此外還可以作為枕頭,在餵奶時墊在身後使用,紓緩腰部痠痛;剖腹產媽咪則對坐墊的要求相對較低。

✓ 好物推薦

英國 CuddleCo 孕婦墊

　　產品採用記憶泡沫製成,可塑造出獨特形狀,為懷孕後期的媽咪提供舒適感和支撐力,從而減輕產後疼痛和不適感。中空的設計,可防止摩擦陰道傷口。

乳房日常護理

8. 乳墊

　　由於媽咪在分娩後容易有母乳從乳房滲出,造成一身奶味,或者弄髒衣物,因此需要一對乳墊用於吸收滲出的母乳。乳墊一般貼在胸衣使用,具有吸水功效,每天大概需要更換 4 對。

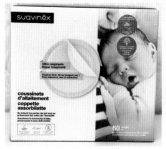

7. 坐墊　　　　　　　　*8. 乳墊*　　　　　　　　*9. 乳房熱敷墊*

✓ 好物推薦

西班牙 Suavinex 即棄乳墊 60 個裝

　　該產品採用特殊的高分子吸水，有助保持皮膚和衣物的乾燥，可為媽咪提供舒適的乳房護理和保護；白天或晚上均可使用。

9. 乳房熱敷墊

　　分娩後，媽咪容易出現乳腺阻塞的情況，乳汁流動不通暢，同時乳房會因為漲奶而疼痛。傳統的方法會使用熱毛巾敷，幫助紓緩乳房脹痛以及促進乳汁分泌，但由於熱毛巾很快變涼，不能維持較長時間；亦有人使用熱水袋，但會擔憂其安全性。因此，越來越多媽咪會選擇使用乳房熱敷墊，使用起來方便快捷，也能延長熱敷的時間。

✓ 好物推薦

台灣六甲村乳房濕熱敷墊

　　採用特殊的 C 形設計，可以避免接觸敏感的乳頭。一按即熱，可以維持 20 分鐘，冷卻後下次可再加熱，循環再用。

10. 乳頭清潔棉花

　　媽媽在餵母乳、揼奶之前，為了不污染母乳，應該先將乳頭清潔乾淨。而乳頭比較敏感，還需要直接接觸寶寶口腔，因此清潔乳頭時應避免選用含化學物質、藥性、對乳頭和皮膚造成刺激的產品。

✓ 好物推薦

台灣六甲村無藥性清潔棉

　　由 100% 精製水高壓滅菌製成，沒有刺激作用，質地柔軟，可用於清潔媽咪的乳頭、私處，亦可以用於寶寶的口腔和面部。

每次揀奶和餵哺母乳前，可以先用清潔棉清潔乳頭。

11. 乳頭膏

媽咪餵哺的時候，乳頭以及周圍的皮膚很容易乾燥及受傷，例如被寶寶咬傷，因此平時需要塗抹乳頭膏做好防禦，保護皮膚。一般在餵奶後，用乳頭清潔棉花抹乾淨乳頭，然後使用乳頭膏。購買乳頭膏時需注意成份，例如植物成份是不錯的選擇，不會對寶寶造成傷害。

✓ 好物推薦

西班牙 Suavinex 天然孕婦乳頭霜

含有 100% 超純羊毛脂，橄欖油，可防止母乳餵養期間出現乾燥及乳頭裂紋，具有保濕和緩解敏感的功效。

母乳餵哺用品

12. 哺乳胸衣

產後媽咪不適合穿戴有鋼絲、過緊或者過厚的胸衣，會對乳腺造成壓迫從而產生疼痛，建議穿戴無鋼絲、彈性較好、舒適度

10. 乳頭清潔棉花　　　　11. 乳頭膏　　　　　　　　12. 哺乳胸衣

更高的胸衣，目前市面上有很多專門為哺乳期媽咪設計的哺乳胸衣，可考慮選購。

✓ 好物推薦

台灣六甲村高彈性家居型哺乳胸衣

無背鈎前開式設計，穿脫方便，不必整件脫下也能哺乳。高彈性寬版背心剪裁，可減輕肩頸的負擔。採用無鋼絲設計，即使漲乳也不會繃緊，以及對胸部造成擠壓。

13. 餵哺睡衣

餵哺睡衣和一般睡衣相比，其設計較寬鬆，不會對胸部造成壓迫，而且會針對哺乳做特殊的開口設計，讓媽咪隨時可以餵哺，並避免因為脫衣服而着涼。一般餵哺睡衣的質料非常舒適，不會對產後媽咪的皮膚，以及需要貼近媽咪的寶寶造成任何不適。一般夏天推薦購買餵哺睡裙，冬天則購買餵哺用的衣褲。

✓ 好物推薦

英國 Emma Jane 餵奶睡衣

採用棉質質地，讓媽咪穿着舒適，而中間開鈕的設計，方便媽咪隨時餵奶。

14. 餵奶枕

餵奶是一件令人勞累的事情，如果手抱寶寶餵奶，需要維持同一個動作長達 45 分鐘，容易造成手臂、腰部等多處勞損。如今市面有各種各樣的餵奶枕，採用科學的設計，幫助減緩媽咪餵奶時的身體勞累。

13. 餵哺睡衣　　　　　　　　　　　14. 餵奶枕　　　　　　　　　　　15. 餵奶巾

✓ 好物推薦

美國 My Brest Friend 餵奶枕

該產品可以調校尺寸，不同體形的媽咪都能安心使用。餵哺時將其綁在身上，並將寶寶平放於胸墊的墊上，而媽咪的手亦可以枕在墊上。寶寶吃奶時會較熱，放在墊上便毋須抱緊他們，媽寶均舒適。

15. 餵奶巾

在公共場合餵哺母乳可能會讓媽咪尷尬，而醫院亦屬於公共場合，在不方便使用餵奶枕、需要手抱寶寶餵哺的時候，便需要一塊餵奶巾。

✓ 好物推薦

以色列 Simply good 嬰兒哺乳圍巾

該產品的獨特之處在於前面採用拱形設計，圍巾遮擋之際亦可以讓寶寶保持透氣。肩部用魔術貼固定，穩妥又安全。

16. 乳頭盾

在餵哺的時候，寶寶很有可能會咬傷媽咪的乳頭，對媽咪造成疼痛不適。為了避免這種情況發生，媽咪可以考慮在餵哺的時候加上一個乳頭盾，其性質與奶樽相似，盾上有小孔可讓寶寶吸食母乳，而乳頭及周圍的皮膚則添上一層保護膜。

✓ 好物推薦

西班牙 Suavinex 乳頭保護套

採用矽膠製成，質料輕薄，餵人奶的時候放在乳頭位置，保護乳頭免受傷害。

奶泵是產後媽咪必不
可少的餵哺好幫手。

16. 乳頭盾

17. 奶泵

奶泵是產後媽咪必不可少的餵哺好幫手。如果直接手抱寶寶餵哺，需要媽咪維持同一個姿勢長達 40 分鐘，容易造成筋骨的勞損，同時也不能得知寶寶的飲奶量有多少，是否足夠。用奶泵將母乳揀出，便可以一次取得較多的母乳，並放進雪櫃儲存，下次加熱後飲用，也可以由其他親友餵哺，省下不少精力和時間。

✓ 好物推薦

瑞士 Ardo 電動吸奶器

可按照個人需要調節 8 種吸力和 8 種速率，真空密封技術，避免吸奶器與母乳受污染，輕巧溫和高效設計，能降低噪音，提

17. 奶泵   18. 儲奶瓶   19. 儲奶袋

供細緻超靜音的吸乳體驗。

18. 儲奶瓶

  用於儲存用奶泵泵出的母乳，或者直接作為奶樽餵奶使用。一般建議購買和奶泵相同品牌的儲奶瓶，保持與奶泵的高度匹配，防止揼奶過程會有空氣進入母乳之中。

✓ 好物推薦

瑞士 Ardo 儲奶奶瓶

  採用 BPA 材質製成，不含雙酚 A，可存放於雪櫃或冰箱內，採用防漏蓋設計，可駁上 Ardo 單泵電動吸奶器一齊使用，輕便耐用，可直接消毒。

19. 儲奶袋

  如果媽咪奶量充足，需要用到大量的儲奶奶瓶，雪櫃的儲存空間可能會不足夠，因此媽咪亦可以考慮使用儲奶袋。用奶泵將母乳揼到儲奶瓶後，然後倒進儲奶袋，並在袋子寫上揼奶日期，這樣能清晰記錄揼奶情況。注意，奶泵不能直接接駁儲奶袋使用，容易讓空氣進入。

✓ 好物推薦

台灣六甲村母乳保鮮袋

  袋身雙層加厚，採用夾鏈袋和寬版膠條兩道密封設計，耐高溫、耐凍、耐撞，每批皆送 SGS 檢驗，無塑化劑和生菌。

走佬袋清單睇住嚟執

　　除了前面介紹的媽咪用品，走佬袋還有嬰兒用品，以及各種細小的物件需要準備。以下為大家列出走佬袋清單，供各位收拾的時候對照用。部份物件可能醫院會有提供，收拾時可事先了解，視乎實際情況作出調整。

有用文件	嬰兒用品	嬰兒出院用品	產婦用品	產婦日常用品
孕婦身份證 先生身份證副本 孕婦驗血報告 母嬰健康院產前覆診卡及記錄卡（公立醫院） 私家醫生轉介信及按金單據（私家醫院）	初生嬰兒紙尿片 嬰兒用濕紙巾 嬰兒紗巾 6 至 8 條 嬰兒包巾 嬰兒奶嘴	和尚袍 夾衣 嬰兒手套 嬰兒帽 嬰兒襪	產婦衛生巾 網褲 床墊 束腹帶 盆骨帶 女性清潔液 坐墊 乳墊 乳房熱敷墊 乳頭清潔棉花 乳頭膏 餵哺胸衣 餵哺睡衣 餵奶枕 餵奶巾 乳頭盾 奶泵 儲奶瓶 儲奶袋	紙巾、廁紙 濕紙巾 拖鞋 保溫杯 乾糧 密碼鎖（鎖櫃門用） 手提電話（充電器、充電插頭） 現金、八達通 出院衣服 毛巾、浴巾 牙刷、牙膏、漱口杯 潔膚護膚用品 梳

注意 3 件事

1. 文件類的物件可以用一個大型公文袋裝載，每次用完都放回公文袋中，防止遺漏，出現緊急情況時，也可以拿起公文袋即走。

2. 如果想記錄分娩過程，可以帶備筆記簿和筆，以便不時之需。由於在醫院內不可以開啟電話，若有錄音或者拍攝的計劃，需要及早詢問醫院獲得准許。

3. 媽咪準備 2 至 3 包高吸量薄型產墊時，於首周流量較多時使用，過了首周後轉用超薄產墊，同樣準備 2 至 3 包，待惡露最尾階段轉用普通衛生巾。每名媽咪的惡露分泌情況不同，有些媽咪可能一日用 6 至 7 塊產婦衛生巾，購買時可作為數量參考。

Part 3
懷孕通識

懷孕有不少東西需要知道，也有不少有趣的知識，
例如生男生女傳聞有沒有根據？孕期傳統禁忌有哪些？
20、30、40 歲陀 B 生 B 有甚麼不同？
這些知識，本章會有專家詳細解答，不容錯過。

生男生女
傳聞有冇根據？

專家顧問：邱宇鋒 / 註冊中醫師、方秀儀 / 婦產科專科醫生、梁巧儀 / 婦產科專科醫生

生男生女用肉眼看得到？坊間傳聞教人如何判斷陀的是男是女可信嗎？提升生男生女機率的方法有科學根據嗎？本文婦產科專科醫生及中醫師話你知甚麼決定胎兒性別，以及一一解構胎兒性別的傳言。

食物不會影響適合生男或生女。   *孕吐是種常見的妊娠反應。*   *孕婦皮膚容易出現問題。*

胎兒性別 6 個傳言

    坊間有不少關於胎兒性別的傳言，例如「生女孕吐會較嚴重」、「生仔皮膚會變差」，或者「食肉利生仔？多食菜利生女」等，以上傳言究竟有沒有根據？有甚麼因素會影響胎兒的性別？以下由婦產科專科醫生逐點解釋。

傳言 1

Ｑ 身體酸鹼度 (pH 值) 影響生男生女，故多食肉利生仔？多食菜利生女？

Ａ 方秀儀醫生解答：沒有科學根據

    有指載有 Y 染色體 (生男嬰) 的精子，生存能力較弱，在鹼性環境下較易生存；而載有 X 染色體的精子 (生女嬰) 生存能力較強，即使在酸性環境也能存活。此說法似是而非，方醫生指出，至目為止，並沒有任何研究支持此說法。

    在正常情況下，人體的 pH 值穩定，因血液含有碳酸鹽、磷酸鹽及蛋白質等物質，有助維持人體 pH 值於 7.35 至 7.45 之間，所以食物並不會影響人體的 pH 值，亦不會影響身體達至適合生男或生女的生理狀況。

傳言 2

Ｑ 生女孕吐嚴重，生仔沒有不適？

Ａ 方秀儀醫生解答：孕吐原因未明

    孕吐是種常見的妊娠反應，每個孕婦的孕吐程度都不一樣，醫學界對於導致孕吐的原因暫時未有定論，但已知一種由胎盤分泌的激素——人體絨毛膜性腺激素 (簡稱 HCG)，會引起孕吐反應。HCG 濃度越高，孕吐情況便越嚴重，而多胞胎、葡萄

肚形只與孕婦體形有關。　　　　　　　　肚臍凹或凸是因為疝氣。

胎等情況都會令 HCG 濃度維持高水平。孕吐不能反映胎兒的
成長情況，如孕吐較嚴重，也不一定代表寶寶健康有異。

傳言 3

Q 生仔會爆瘡，生女皮膚好？

A 方秀儀醫生解答：荷爾蒙起變化

懷孕後，孕婦體內的荷爾蒙水平出現明顯變化，無論是雌激
素、孕激素，抑或男性荷爾蒙睾丸酮，都會明顯上升。因此，
不論胎兒性別如何，孕婦的荷爾蒙水平都是超標的。

受荷爾蒙影響，孕婦皮膚容易出現色素沉澱、黑斑、雀斑，甚
至長出暗瘡。此外，亦會容易有皮膚乾燥、過敏、痕癢等問題，
以上情況大多與個人體質有關，跟胎兒性別無關係。

傳言 4

Q 孕婦肚圓陀的是女，肚尖就是仔。

A 梁巧儀醫生解答：肚形只與孕婦體形有關

肚形是尖是圓不能代表胎兒的性別。孕婦的肚形，主要與孕媽
媽體形、骨盆形態、脊柱形狀、腹部肌肉力量、胎位等因素相
關。

如果孕媽媽本身較瘦，骨盆較淺或窄，當胎兒長大，骨盆容納
不下時，就會長到骨盆外面往前頂出，於是形狀為尖肚。相反，
如孕媽媽骨盆較寬和深，有較多空間予胎兒生長，那肚子的形
狀就會顯得比較平坦、較圓。

胎位也會影響到孕媽媽的肚形；如胎兒是枕後位，即頭枕骨靠
往孕媽媽背部，眼睛看向肚皮的姿勢；當胎動時，孕媽媽肚形
就會顯得較尖。這些情況都與懷男胎或女胎無關。

傳言 5

Q **生仔肚毛多，生女肚毛少。**

A **梁巧儀醫生解答**：激素分泌導致體毛多

懷孕時，孕媽媽體內激素分泌的變化，會令其胸部、腋下、陰部毛髮生長旺盛，甚至肚子上也會長出毛毛。一般情況下，孕期長出來的毛毛會在分娩後慢慢消退，孕期肚毛多少與胎兒性別無關係。

傳言 6

Q **生仔肚臍凸，生女肚臍平。**

A **梁巧儀醫生解答**：肚臍凹或凸是因為疝氣

懷孕時，子宮增大、孕婦的腹腔壓力增加，令腹壁變得薄弱，形成缺口；使腸子、脂肪、網膜從肚臍處腹壁的缺口脫出，就會發生臍疝氣（小腸氣），造成肚臍向外凸出的情況。隨着懷孕周數增加，疝氣也可能日益增大。孕媽媽的肚臍凹或凸，跟胎兒的性別是完全沒關係的。

西醫解構胎兒性別

西醫的胎兒性別鑒定是檢測母血中是否含有 Y 染色體，以確定胎兒性別，若含有 Y 染色體，懷的就是男胎。由於 X、Y 精子有不同的生存特徵，有説計算排卵日及控制性高潮有助增加 X、Y 精子其中一方的存活率，從而達到提高懷上某個性別寶寶的可能，以下由婦產科專科醫生梁巧儀為大家詳細講解。

胎兒性別由染色體決定

人類的每個細胞中都有 23 對染色體，其中 22 對是常染色體，而第 23 對為性染色體，可決定胎兒的性別。女性的性染色體為 XX；而男性的性染色體為 XY。男性產生的精子有兩種形式：22+X，22+Y，機率各為二分之一；而女性產生的卵子只有一種形式：22+X。懷孕時，精子和卵子結合後成為受精卵；此時，精子中的 23 條染色體和卵子中的 23 條染色體會配對成第 23 對染色體。卵子 (22+X) 和 22+Y 的精子受精結合，受精卵的染色體為 44+XY，將生下男孩。卵子 (22+X) 和 22+X 的精子受精結合，受精卵的染色體為 44+XX，將生下女孩。所以胎兒性別是由精子決

胎兒性別由染色體決定。

定的。而 X 精子或 Y 精子和卵子結合，各有一半的可能性，所以
生男生女的機會率是相等的。

計算排卵日法

方法簡述：接近女方排卵的時候同房，容易生男孩，過了排
卵期則容易生女孩。

醫生解答

精子本身的性質和其存活的時間長短也有機會影響胎兒性
別。X、Y 精子的活動力和存活時間並不一樣；X 精子頭較大，存
活時間較長，約 2-3 天，在酸性環境活躍；而 Y 精子則頭較小，
存活時間較短，只有 1 天左右，在鹼性環境活躍。

選擇於接近排卵日行房，由於子宮頸管會分泌出鹼性的液體，
使得陰道呈鹼性，Y 精子和卵子結合的幾率較高，提高了生男孩
的機率。相反的，在越遠離排卵日的時候行房，壽命較短的 Y 精
子可能都消散了，剩下較多的 X 精子，這樣就提高了生女孩的機

率。但始終生男生女的機率牽涉很多其他因素；計算排卵日的方法成效也因人而異，未必有肯定的效果。

性高潮控制法

方法簡述：性高潮前射精的陰道呈酸性，環境有利 X 精子生存，所以較大機會得到女孩；而女性達到了性高潮會分泌鹼性體液，故性高潮後再射精易得男。

醫生解答

夫妻雙方性高潮的時候，女性宮頸會流出鹼性的分泌物至陰道內。由於 Y 精子在鹼性環境中活動力會較好；提高了生男孩的機率。相反，如果男人在女人還沒有達到性高潮之前射精，呈酸性的陰道會導致部份 Y 精子失去活力，就有可能增加生女孩的機率。男方高潮時，精子活力旺盛，也有利於及早抵達子宮與卵子會合成孕。

然而，陰道的酸鹼度在高潮期間的變化都是因人而異。要改變陰道酸鹼度，也不是易事，成效存疑。所以至今沒有甚麼科學依據說性高潮決定生男生女。

中醫解構胎兒性別

有指胎兒性別與古代流傳下來的說法有關，例如孕婦着重補陰則生女，着重補陽則生男；女性左卵巢排出的卵子，主男胎；右卵巢排出的卵子，主女胎。食療及行房姿勢又會不會影響胎兒性別呢？以下由註冊中醫師邱宇鋒解釋。

身體酸鹼度與胎兒性別

中醫師邱宇鋒表示，上述古時候對生男、生女的看法，在今時今日已被否定。而目前坊間較多人談論的，認為影響胎兒性別的因素，主要和婦女體質的「酸鹼度」以及陰道環境的酸鹼度有關。

以「酸鹼度」影響胎兒性別的說法認為，Y 精子在鹼性環境中存活較佳、較活躍，X 精子在酸性的環境中存活較佳、較活躍。如果婦女體質或陰道環境偏酸，生女的機會可增加；婦女體質或陰道環境偏鹼，生男的機會可增加。

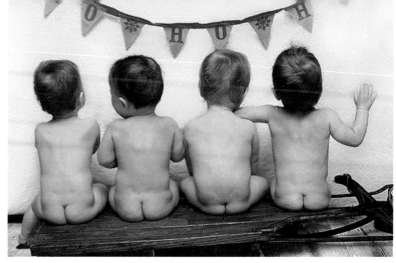

女士「欲生女則補陰，欲生男則補陽」

飲食無法控制性別

根據「酸鹼體質」的看法，若女方多吃鹼性食物，男方多吃酸性食物，生男孩的機會可增加。相反如果女方多吃酸性食物，男方多吃鹼性食物，生女孩的機會可增加。而所謂食物的「酸鹼」並非從食物的味道、外觀等去判斷，而是食物經過身體消化吸收後所表現出來的屬性。

邱宇鋒指出，如果要談論傳統中醫對生男、生女的見解，就要跟古時候的醫學科技與當時的社會文化背景連結起來。由於古時候醫學不發達，歷史上有古醫籍對胎兒性別的影響因素有以下的理解：

古代說法	根據	現代理解
女性左卵巢排出的卵子，主男胎；右卵巢排出的卵子，主女胎。	男左女右	男方精子的第 23 條染色體是 X 還是 Y 決定胎兒性別。若胎兒第 23 對染色體是 XX 為女性，XY 為男性，與卵子並無關係。
懷孕後首三個月胎兒性別尚未確定，若此時：孕婦着重補陰則生女，着重補陽則生男；欲生男操弓矢，欲生女弄珠璣	男屬陽 女屬陰	由受孕一刻起，胎兒的性別已經確定，不可能透過服藥改變，約莫要到懷孕第十一周才可從觀察外生殖器判斷胎兒性別。

飲食無助改善體內酸鹼度

在醫理上，決定胎兒性別的是男性精子中的第 23 條染色體到底屬於 X 還是 Y，如果胚胎的第 23 對染色體為 XX，為女性，是 XY 則為男性。

體質及陰道環境的酸鹼度會影響生男生女機會之理論根據，皆源於有研究指 Y 精子在鹼性環境中存活較佳、較活躍，X 精子在酸性環境中存活較佳、較活躍。但要知道 X、Y 精子在不同酸鹼度環境下之活躍程度及存活機率，只是在實驗室內研究出來的結果。

人體是個非常複雜的整體結構，為使身體能正常運作，身體的酸鹼度必須保持平衡，而且有着非常複雜而精密的調控機制，基本上不可能通過飲食習慣調節而改變。盲目迷信試圖通過飲食調節身體的酸鹼度，以增加生男或生女的機會，更有可能導致營養不均衡，不利健康。

而為了避免致病的微生物滋生，陰道內的正常環境應為弱酸性。如果為了增加生男或生女的機會，胡亂使用洗劑等，試圖以人為方法改變陰道內的酸鹼環境，有機會破壞陰道內的微生物平衡，導致菌群失調，增加出現感染的機會，對婦女的健康以及懷孕都有不良影響，需要警惕。

中藥調理

古時候説法指出，女士「欲生女則補陰，欲生男則補陽」，在補陰方面可着重滋陰補血養肝，方劑以左歸丸為代表，常用中藥方面如熟地黃、枸杞子、山茱萸、桑寄生、女貞子、阿膠等。在補陽方面可着重溫陽補氣強腎，方劑以右歸丸為代表，常用中藥方面如續斷、杜仲、巴戟天、淫羊藿、菟絲子、覆盆子等。

未有證據證明中藥助生仔或女

以女子為陰、男子為陽的陰陽屬性出發，推斷出認為在備孕期間採滋陰法有助生女，採補陽法有助生男的説法，臨床上尚未有足夠的證據證明屬實。而且如果跟「酸鹼度」的説法比較，還可見有矛盾的地方。

因為從中醫食物寒熱屬性的角度，某些酸性食物（如肉類）屬性較溫熱助陽，按「欲生男則補陽」應有利生男；某些鹼性食

婦女在預備懷孕及在懷孕期間宜保持飲食均衡，寒熱調和。

物（如蔬菜類）屬性偏涼助陰，按「欲生女則補陰」應有利生女，和「酸鹼度」的說法恰恰相反。

陀女忌補陽，陀男忌補陰

對女性而言，既然胎兒的性別在受精一刻已經決定，無論是在懷孕期間採用滋陰或補陽的方法，都無法使胎兒的性別改變。對古醫籍關於滋陰、補陽的說法，邱宇鋒認為可以換個角度理解：如果已經知道胎兒的性別，懷女胎要忌過度補陽，懷男胎要忌過度補陰，由於若懷女胎者過度補陽，容易出現「女胎男性化」，導致胎兒生殖器畸形；若懷男胎者過度補陰，則可能引起尿道下裂。

行房體位與胎兒性別

古醫籍《褚氏遺書》裏曾提到：「男女之合，二情交暢，陰血先至，陽精後衝，血開裹精，精入為骨，而男形成矣。陽精先入，陰血後參，精開裹血，血入居本，而女形成矣。」以現在的理解，如果在性行為中女方比男方先達到高潮，生男機會可以增加；男方比女方先達到高潮，生女機會可以增加。

此外，根據「陰道酸鹼度」的說法，如果行房姿勢以深入為主，男方在子宮頸口的地方射精，可減少精子暴露在酸性陰道環境的時間，有利 Y 精子存活，增加生男機會。而且性交時男方插入較深，較易令女方達到高潮，子宮頸可分泌較多鹼性分泌物，有利 Y 精子存活。如行房時男方插入較淺，會讓精子在酸性的陰道環境停留較長時間，且女方較不容易先達到高潮，不利 Y 精子存活，增加生女機會。

助生男的體位：屈曲位、高腰位、膝肘位、騎乘位

助生女的體位：傳教士體位、側臥位、後趴位、後側位

未有證據顯示行房體位影響胎兒性別

至於藉行房體位或雙方達到性高潮的先後次序，來塑造有利或不利 Y 精子存活環境的方法，雖然在古今都有類似主張，但尚未有足夠的臨床證據可以證實有效，而且實驗室環境並不能直接等同陰道內的實際情況。對行房體位太過執着的話，反會造成精神壓力，會影響性生活的品質，甚至會降低受孕機會。

總結

在中醫角度，利用「酸鹼度」、滋陰、補陽來控制胎兒的性別尚未有嚴謹、科學的實證顯示有效。婦女在預備懷孕及在懷孕期間宜保持飲食均衡、寒熱調和。太過執着於滋陰、補陽、調節「酸鹼度」等，反而容易使身體失調，甚至造成營養不良、生殖系統感染、沉重的精神壓力等，對婦女的健康、受孕機會，以至孕媽媽及腹中胎兒的健康都是不利的。

孕期傳統禁忌
逐點破解

專家顧問：梁巧儀 / 婦產科專科醫生、吳耀芬 / 註冊營養師、林平方 / 註冊中醫師

相信孕媽媽都聽過不少長輩的勸喻，說孕婦有諸多禁忌，不能搬家、
不能出席紅白事、很多食物都會影響胎兒等，到底這些傳言是怎麼來的呢？
就讓我們一起以科學的角度逐點破解吧！

懷孕禁忌小調查

在華人的社會對懷孕有諸多傳統禁忌,例如大肚三個月內不可以講已懷孕,否則 BB 會小器、懷孕食蟹會流產,到底以上説法有沒有根據呢?又有多少孕媽媽會遵守,本文做了一個問卷調查,看看大家對以下傳統禁忌的意見。

懷孕禁忌

生活篇

❶ 床上縫紉會生出盲眼的小孩

❷ 搬屋裝修會流產

❸ 出席紅白事會對胎兒不利

❹ 懷孕 3 個月內公佈,BB 會小器

食物篇

❶ 吃燕窩、木瓜會令寶寶有黃疸

❷ 豉油有色素,食用會令寶寶的皮膚變黑

❸ 吃蟹會流產

❹ 吃羊會發羊吊

❺ 吃苦瓜、蘆薈會小產

懷孕禁忌—— 生活篇

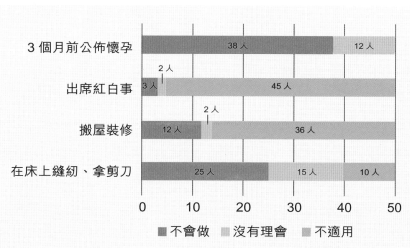

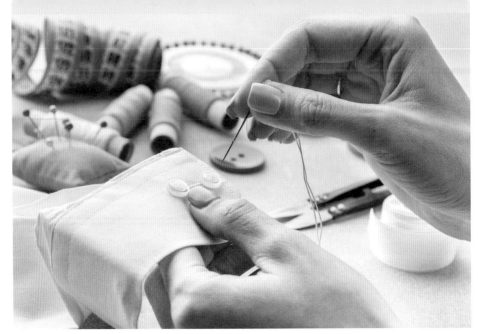

孕婦減少勞動量，多休息，避免過度勞累。

懷孕禁忌—食物篇

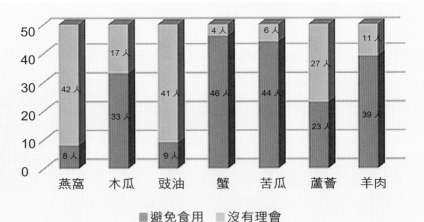

懷孕禁忌—食物篇圖表：

食物	避免食用	沒有理會
燕窩	8人	42人
木瓜	33人	17人
豉油	9人	41人
蟹	46人	4人
苦瓜	44人	6人
蘆薈	23人	27人
羊肉	39人	11人

■ 避免食用　■ 沒有理會

懷孕禁忌生活破解

　　傳統觀念上孕婦應該專心養胎，很多事都不能再做，生活上諸多禁忌，例如床上縫紉、搬屋等絕對不能做，甚至連何時公佈懷孕消息也有限制呢！到底這些傳統觀念的目的是甚麼呢？以下由婦產科專科醫生梁巧儀為大家作科學的解釋吧！

Q 床上縫紉會生出盲眼的小孩？

A 長輩說孕婦不可以在床上縫紉、拿剪刀，傳統的說法是孕肚裏有胎神存在，如果拿針去刺布或紙，有機會一個不小心刺到胎神，會導致生下有缺陷的孩子，會生出盲眼的小孩。

其實這個說法，目的就是要減少孕婦的勞動量，讓孕媽媽能多休息，古代女性的工作多為縫紉，經常需要用剪刀；套用於現代婦女，其實則是要孕婦減少勞動量，多休息，避免過度勞累。不讓孕婦拿剪刀或針等尖銳物品，也是要避免不小心受傷或意外發生而已。

Q 搬屋裝修會流產？

A 傳言胎神由媽媽懷孕開始就會依附於屋內直至 BB 出世，而祂會於不同月份存在於家中不同地方。例如於農曆十一月至十二月，胎神會居於家中廚房爐灶以及主人的床頭。如果於胎神所在位置動土、搬動家具或者捶釘，就容易觸及胎神。而懷孕期間搬屋，即使不觸及胎神，胎神亦有機會不跟隨孕婦走，變相就會導致流產。

搬屋、裝修要處理的事項繁多，對孕婦的體力和精神都有壓力；過度勞累有可能引起子宮收縮，增加流產、早產風險，為了讓孕媽媽多休息，所以有此一說。裝修途中有機會弄傷孕婦，或接觸到甲醛或其他化學物質，對孕媽媽的呼吸系統或胎兒有害。

Q 出席紅白事會對胎兒不利？

A 傳統說孕婦切忌參與白事，因為喪事帶煞，但其實不只白事，民俗有說懷孕 4 個月內的孕婦最好不要參加喜慶活動，畢竟懷孕本身就是件喜事，如果又參加別的喜事，會造成喜喜相沖，對孕婦體內的胎兒非常不利。

喜慶事一般人流較多，病菌也可能更多，尤其空氣不流通的地方更容易傳播病菌，增加孕媽媽感染的風險。而且喜酒大部份的菜式都高油、高脂、高糖，並不太適合孕婦進食。避免白事是因為怕悲傷氣氛影響到孕媽媽心情。孕媽媽心情抑鬱結悶，會影響食慾或睡眠，對胎兒發展有負面影響。

Q 懷孕 3 個月內公佈、抱別人 BB，BB 會小器？

A 傳統說法是因為懷孕前百日內，寶寶都有胎神保祐，讓寶寶能平安健康的長大，如果太早公佈喜訊，會惹得胎神不高興，

孕婦減少勞動量，多休息，避免過度勞累。

使胎兒受到傷害；而另一個說法則是 3 個月內不能抱別人的
BB，不然自己的 BB 一定會小器，嚴重可能會導致流產。

就醫學角度來說，早期懷孕（12 周前）的流產風險很高，約
15-20%；主要因為胎兒的染色體或基因異常，被自然淘汰。
所以很多人選擇在 3 個月後，胎兒較穩定時才對外公佈懷孕，
避免如果流產要面對親友，難以解釋，令自己尷尬傷心。至於
抱別人小孩，第一是怕衞生感染問題，第二孕媽媽腹大便便，
抱嬰兒有機會產生腹痛或宮縮；嬰兒活動時無情力也有機會傷
到孕媽媽，所以孕媽媽還是最好避免抱小孩的動作。

懷孕禁忌食物破解

大肚期間，孕婦需要戒口，有不少食物要避免進食，例如有
人說吃燕窩、木瓜會令寶寶有黃疸、吃羊會發羊吊，以上的說法
有沒有根據呢？以下有請註冊中醫師及營養師為大家解開各種懷
孕食物禁忌之謎！

Ⓠ 吃燕窩、木瓜會令寶寶有黃疸？

Ⓐ 中醫師林平方解答：不會。中醫認為黃疸多是因為孕婦內蘊濕
熱，傳於胎兒，又或是分娩之際或出生之後，感受濕熱邪毒引
起。

燕窩味甘性平、養肺陰、化痰止咳，調理虛勞。在孕期中食用
燕窩並不會引致小兒黃疸。燕窩亦不是哺乳媽媽的禁忌，但進

食燕窩後，應留意嬰兒的反應，如是否有粉刺增多的情況，再決定是否進食。

A **營養師吳耀芬解答：**新生嬰兒黃疸是因嬰兒血液中有過多膽紅素積聚所致，會令嬰兒皮膚和眼白變黃。嬰兒體內的紅血球分解會產生膽紅素，但嬰兒的肝臟並未發育完善，未能迅速處理膽紅素積聚的情況，以致出現黃疸，通常出生後兩至三星期，黃疸就會逐漸消退。

木瓜胡蘿蔔素含量高，有人擔心胡蘿蔔素會沉積於皮膚，令寶寶有黃疸，其實不然。雖然吃過多木瓜會令皮膚暫時偏黃色，但眼白不會發黃，並不是黃疸。亦有人認為吃燕窩能使寶寶皮膚變白，且減少黃疸出現的機會，但這說法也是沒有科學根據的。

木瓜富含維他命 A 和 C，有助增強免疫力，且木瓜酵素能幫助消化和吸收蛋白質。木瓜亦含豐富的纖維，能促進腸道蠕動，減少便秘。此外，木瓜含鐵、鈣、鉀、磷、鈉等礦物質，營養豐富。但未成熟的木瓜富含乳膠，會刺激子宮收縮，孕婦應避免食用。

Q **豉油有色素，食用會令寶寶的皮膚變黑？**

A **營養師吳耀芬解答：**有孕婦擔心豉油中的黑色素會令寶寶皮膚變黑，其實不然。寶寶膚色取決於皮膚中有多少黑色素，而黑色素含量在於先天基因遺傳。後天環境如曬太陽和病理等因素，也會影響寶寶膚色，但這與孕婦的飲食內容無關。

Q **食蟹會流產？**

A **營養師吳耀芬解答：**從中醫角度，有人擔心蟹是寒涼之物，多吃會使孕婦流產。但在西醫角度中，流產主要是因為胚胎自身出問題或子宮環境不佳，絕少會由飲食內容所致。蟹含豐富的蛋白質、鈣、鋅、鐵、磷等人體所需的營養素，孕婦只要不過量食用便可。但蟹膏、蟹黃含較高的膽固醇，因此患有妊娠高血壓、妊娠糖尿病等疾病的孕婦不宜食用。

Q **吃羊會發羊吊？**

A **中醫師林平方解答：**不論中醫或是現代醫學，均未見有證據指孕婦食羊肉會增加癲癇的機會。中國古代曾有一位醫家孫思邈於其書《備急千金要方》中指，妊娠食山羊，令子多病。後來雖然有很多醫家再述孕婦不宜食用羊肉，但多為重複孫思邈的

羊肉甘溫，有益氣補虛的作用，適合產後婦女及虛勞人士服用。

論調，未有再進一步論證。中醫認為羊肉甘溫，有益氣補虛的作用，適合產後婦女及虛勞人士服用，同時亦屬「發物」。如果體質偏熱或皮膚容易過敏的孕婦，不宜多吃，以免增加孕婦體內積熱，又或熱移於胎。 如果已有妊娠高血壓者，除非已諮詢中醫師，否則應避免長期食羊肉。

Ⓐ **營養師吳耀芬解答：**有傳言指懷孕期間吃羊會令寶寶有羊吊，其實是個誤解。發羊吊是由腦細胞的異常活動所致，成因有家族遺傳、腦部受損等，而忘記服藥、濫食毒品、酗酒、睡眠不足等因素也可能導致羊吊發作。羊吊之所以稱為羊吊，是因羊吊發作時症狀與羊受驚的表現相似，但與吃羊並無關係。

羊肉含豐富蛋白質，有助提升免疫力。羊肉亦富含維他命、礦物質等營養素，如維他命 B12 能預防貧血、腦部神經系統受破壞等問題，維他命 B3 能維護新陳代謝，鋅有利於傷口癒合。吃羊肉不會損害胎兒的發育，不過量食用便可。但羊肉不易消化，患有肝臟或心臟疾病的人士不建議食用，以免增加肝臟和腸胃的負擔。

Ⓠ **吃苦瓜、蘆薈會小產？**

Ⓐ **中醫師林平方解答：**中醫認為苦瓜性味甘苦寒，有清暑熱、解

毒除煩的作用。由於懷孕中的婦女需要保持脾陽充足，所以不建議吃苦瓜。

蘆薈性味苦寒，有瀉下、清肝及殺蟲的功效。同時中醫書籍中明確指出孕婦忌用蘆薈。現代研究指蘆薈中含蘆薈素，會增加流產風險，所以亦不建議孕婦食用。

🅐 **營養師吳耀芬解答：** 從西醫角度，流產的主因是胚胎有問題或子宮環境對胚胎的發展不利，極少會因為飲食內容而流產，除非該食物被細菌感染。

苦瓜富含膳食纖維、蛋白質、維他命、礦物質等營養素，其中的維他命 C 能提高免疫力，預防壞血病等疾病，維他命 B1 可維持心臟功能，而鉀能降血壓、去水腫。有人擔心苦瓜中的奎寧（Quinine）會刺激子宮收縮，有機會導致流產。但苦瓜的奎寧成分不高，只要不過量食用便可。

蘆薈含多種礦物質、維他命、氨基酸等營養素，有助降低膽固醇、減少炎症。但蘆薈皮中含蘆薈素等成份，有機會導致腹瀉等情況，不建議過量食用。

苦瓜、蘆薈，不建議過量食用。

20、30、40 歲
陀 B 生 B 大不同？

專家顧問：黃慧儀 / 婦產科專科醫生

常常聽人說「有仔趁嫩生」，但很多人 20 歲時經濟能力未能負擔，心理上也未有準備；30 歲卻到達事業高峰分身不暇；40 歲才碰巧 bingo 的大有人在，到底 20、30、40 歲 陀 B 生 B 有很大的分別嗎？本文由 3 個年齡層的媽媽分享陀 B 和分娩的經歷。有最佳生育年齡嗎？由婦產科專科醫生告訴你！

20、30、40 歲陀 B 大不同？

媽媽 Susuca、Helen 和 Yen 分別在 20、30、40 歲左右生小朋友，她們會跟大家分享自己懷孕的經歷，讓計劃生孩子的大家作參考，年齡有否影響她們的陀 B 過程呢？我們一起來看看吧！

Case 1：擔心不懂為人父母

媽媽：Susuca

陀 B 年齡：第一胎：22 歲，第二胎：25 歲

20 歲代表

「其實第一胎是不在計劃內的，當時我跟老公雖然穩定拍拖，但當我們知道將會有個小朋友都好驚訝和擔心，尤其是第一個小朋友出世的時候，我和老公都很年輕，剛剛出社會工作，會很擔心自己懂不懂做人爸爸媽媽，有沒有能力給予寶寶最好的東西，所以那時候我們都很掙扎。但事情發展比想像中順利，到今年我們的第二個小朋友已經出世了。

第一胎的時候因為自己沒有經驗，而且身邊的朋友大部份都剛剛讀完書，對懷孕沒有認識和經驗，所以我很緊張，不斷上網了解懷孕資訊，幸好當時除了血糖比較低，其他方面大致上都順利。第二胎則有點大意，一開始不知道自己懷孕繼續上班，誰知道有一日在外地酒店發現自己不斷流血，返到香港立刻做檢查才發現懷了第二個小朋友。有日返公司路上，準備上車之際突然暈倒，被送入醫院。醫生說胎位比較低，首 3 個月都間斷地流血，之後便使用安胎藥。到後期卻發現胎兒臍帶纏頸兩圈，所以第二胎真的比較辛苦。我的身體方面，因為個人體質比較易瘦易肥，第一胎由 49 千克增到 83 千克，第二胎就由 47 千克增到 78 千克，算是很大波動。精神方面則一開始比較容易暈和作嘔，去到後期就經常失眠，除此之外都沒大礙。」

Case 2：腰痛舊患需用托腹帶

媽媽：Helen

陀 B 年齡：第一胎：30 歲，第二胎：33 歲

30 歲代表

我和老公本來都已計劃生小朋友，第一胎的時候去看中醫調理，吃了幾劑就中了，也不太知道與中醫有沒有關係。第二胎也同樣去看了這個中醫，沒有吃藥，做了其他調理，也很快就有了，所以在嘗試懷孕方面也算很順利。

至於個人生活方面，生小朋友後某程度要放棄事業，因為我想自己親自湊 BB，而且個人本身沒有特別強的事業心，本身只是從事普通文員，也有兼職做模特兒，所以這方面對我影響不算太大，只是在大仔出世後就沒有時間工作，現在大仔 4 歲，才開始接回一些工作，讓人生除了湊仔，多點變化，當偶爾玩玩。

至於妊娠反應方面，我兩胎的孕期都算舒服、順利，除了因第一胎因腰痛舊患，從 20 周開始要使用托腹帶，也沒其他問題，而且生完第一胎腰反而強壯了，可能因為湊仔、抱 B 多，腰反而變強壯。」

Case 3：擔心寶寶有先天缺陷

40 歲代表

媽媽：Yen
陀 B 年齡：第一胎：40 歲

「其實是高齡懷孕意外，完全沒想過會有 BB，雖然原本沒有特別抗拒有 BB，但享受二人世界，也有打避孕針，後來因經期問題食中藥調理，調理完針都來不及打便不小心中了。不過後來跟老公商量後，決定生下來。最擔心都是寶寶的健康狀況，因為自己的經濟狀況都不錯，不太會擔心將來的負擔，所以都只是擔心因為自己已經是高齡產婦，寶寶有先天性缺陷如唐氏綜合症等機會高，陀 B 期間又怕會保不住胎兒，所以會好小心，甚至會很影響心情，令自己心情大上大落，變得很容易激動，例如兩、三個月時有少少見紅就會很害怕，因為前期陀 B 不穩，雖然沒有住院，但醫生卻建議我回家不要常走動，多躺着。又因為高齡，產檢會跟得很嚴謹，要驗的項目也多，例如妊娠糖尿等風險高，故飲糖水測試要做多幾次，出入醫院的次數多。

精神方面亦是比較累，稍坐便會睡着，反而壓力方面還算好，沒有給自己太大壓力，只是可能因為精神不好，對其他人的説話反應較大，有時會較易激動，可能別人無心，但自己就會解讀成一些負面的意思，會發脾氣或不開心。」

2O-3O 歲最佳生育年齡

現代人因生活習慣和事業心重，平均生育年齡有上升趨勢，「有仔趁嫩生」聽得多，到底是否真的越年輕生育越好？以下由婦產科專科醫生告訴你年齡如何影響生育吧！

正所謂「有仔趁嫩生」，一般來說，年輕的身體也會較年長健康。

生仔真的應該「趁嫩」生

　　婦產科專科醫生黃慧儀稱，在醫學的角度上，只要女性發育完成，基本上是越年輕生育越好，主要原因是因為卵巢和子宮的狀態會隨着年齡上升而衰退，所以 20 至 30 歲的女士，無論自然受孕的機會、妊娠過程和產後復原，一般都會較 30 歲以上的女士為好。正所謂「有仔趁嫩生」，一般來說，年輕的身體也會較年長健康，如果年紀大身體開始出現毛病，也會增加女士懷孕的負擔。

20 出頭孕媽數據

- 1 個月平均成功受孕率：20%
- 流產機會：15 至 20%
- 唐氏綜合症：1/1000

卵巢

　　卵巢的狀態是影響成孕機會的最主要因素。

　　卵子在出生時已製造完畢，並儲存在卵巢內，年輕時女士卵子的質素和數量都會較高，自一出生大概會有 100 萬個卵子，隨着時間會流失，青春期大概只剩下 30 萬個。每次經期，身體都會喚醒很多卵子，最後就有一個卵子排出準備受孕，其他就會流失。20 至 30 歲流產率大約 15-20%，孕婦年齡越大，卵子質素

159

伊越下滑，胎兒染色體出錯機會較高，是導致早期流產的主因之一，所以越年輕得到健康胚胎的機會越高。

子宮

子宮作為胎兒着床的地方，對於成功成孕和胚胎成長非常重要。年紀越輕，子宮問題的數字越低，例如子宮肌瘤出現風險與年齡息息相關，20 至 30 歲女士出現肌瘤機會大約 5 至 10%。另外，年輕的女士在產後的復原通常較快，產後出血的機會亦會較少。

不育

不育的定義，是指一對夫妻在沒有避孕下規律性行房，試了一年都不能成孕。

不育與年齡未必掛勾，每 6 對夫妻便有 1 對有不育的情況，醫生建議如有懷疑或符合以上描述者，便應盡早就醫，否則可能拖延病症。而女士的年齡漸高，更會減低懷孕的機會。

至於其他導致不育的可能性，包括：

● 精子較弱（不育案例中有 3 分 1 是因為精子較弱）
● 輸卵管閉塞，子宮內膜異位症

30 歲後現高齡懷孕風險

其實，現實上難以判斷何時是最佳生育時機，有時因經濟及事業的考量，令不少女士都會傾向較遲才考慮生兒育女。但醫學上表示 35 歲已是高齡產婦，不但女士會較難受孕，其懷孕風險和胎兒風險亦會增加。所以年紀較大的孕媽媽懷孕時需更小心，做好產檢和身體管理，從而減低懷孕期間出現問題的機會。

高齡孕媽數據 (>40 歲)
● 1 個月平均成功受孕率：0.5%
● 流產機會：40 至 50%
● 唐氏綜合症：1/100

胎兒風險
● 流產

年紀較大的孕媽媽懷孕時需更小心,做好產檢和身體管理。

- 早產
- 染色體出錯
- 結構性出錯
- 出生時體重不足

卵巢

　　每次排卵,只有一個卵子會準備受孕,其他則會流失,到快收經時,卵子存庫可能只剩下約一千多個,所以女士年紀越大,受孕的機會便會越小。除了卵子量,卵子本身的質素都會下降,像「罐頭放久都會變壞」的道理。從 IVF 療程的研究數據中發現,高齡女士的卵子較大機率引致胎兒染色體出錯,30-35 歲時每 10 個製造出來的胚胎,就有大約 4 個出現染色體出錯;而 35 歲以上每個月多 0.5% 機會率;40 歲則達 75%。如染色體出錯,製造出的胚胎大多不能生存,所以引致不能懷孕,即使懷孕也很大可能是畸胎或流產。

子宮

　　雖然子宮衰退的速度比卵巢慢一點,但年紀大的女士仍然較難成孕,亦會有較大機會出現一些子宮的疾病,例如子宮肌瘤,4

孕媽媽要十分留意飲食，補充足夠營養。

個女士會有 1 個患上，其他子宮的疾病如腺肌瘤、瘜肉等。高齡孕婦亦是高危，這些子宮問題會影響子宮的結構和形態，影響胚胎着床的機會，即使成功受孕，流產機會亦會提高。

孕婦風險

30 歲後高齡懷孕，患以下疾病的機會高 2 至 3 倍，包括：妊娠糖尿病、妊娠高血壓、妊娠毒血症，以及其他風險，例如剖腹生產、產後出血、血管栓塞、產後收身困難。

遲些才生第二胎不成問題？

Q 聽說只要年輕時生過第一胎，第二胎遲點生也不會有問題，是真的嗎？

A 黃慧儀醫生指，可能某些風險會較小，例如第一胎沒有出現妊娠毒血症，第二胎患上的風險亦相對較小。然而生第二胎時已屆高齡的話，某些風險是不會變的，例如胚胎出現問題的機會、產後復原較慢等，卵子質量下降的問題也仍然存在，受孕的機率也不及年輕時高。所以生育第一胎不等於拿到「免死金牌」，孕媽媽計劃第二胎的時機仍需考慮年齡風險。

各年齡層孕媽都要補「營」！

懷孕時一個人吃，兩個人吸收，故孕媽媽要十分留意飲食，補充足夠營養，一些營養素是任何年齡層的孕媽媽都需要特別補充的，而其中一種營養素，高齡孕媽媽要特別留意，大家快來看看自己平時的飲食有沒有包含以下營養素吧！

任何年齡都需要的營養素

葉酸
- 能預防寶寶腦管缺陷
- 世衞建議懷孕前至首 12 周每天補充至少 400 微克葉酸補充劑
- 食物例子：
  - 深綠色的葉菜，如菜心
  - 水果，如橙
  - 果仁
  - 乾豆、豆類，如扁豆、青豆
  - 添加了葉酸的早餐穀物

DHA
- 有助寶寶腦部發育和視力發展
- 一星期 340 克海產類食物
- 如飲 食不足可用營養補充劑
- 食物例子：
  - 魚類，如三文魚、沙甸魚、鰻魚、黃花魚、紅衫魚
  - 植物性食物，如亞麻籽、合桃或芥花籽油

鐵質
- 預防孕婦患上缺鐵性貧血
- 有助胎兒正常的生長和腦部發育
- 世衞建議每日 30 毫克至 60 毫克鐵補充劑
- 食物例子：
  - 肉類，如豬肉、牛肉、雞肉、魚肉、雞蛋
  - 深綠色的蔬菜，如菜心、西蘭花、菠菜
  - 乾豆類，如扁豆、紅腰豆　　　- 果仁，如杏仁、腰果

高齡特別需要補鈣

鈣
- 預防骨質疏鬆（30 歲後骨質的密度會下降）

- 補充維他命 D，能增加鈣質的吸收率
- 建議每日攝取 1,000 毫克
- 食物例子：
  - 牛奶和奶製品，如芝士、乳酪
  - 深綠色的蔬菜，如菜心、西蘭花和芥蘭
  - 芝麻及果仁　　- 罐頭沙甸魚　　- 板豆腐

醫生提示

　　高齡孕媽媽要更注意飲食，注意營養攝取、食物份量，避免進食高糖和高升糖指數的食物。

20、30、40 歲生 B 有甚麼不同？

　　大家看完婦產科醫生對不同年齡生育的見解後，會不會擔心自己還沒心理準備年輕生小孩呢？3 位受訪媽媽雖然處於不同年齡層，但最後都順利度過。其實除了生理方面，大家要好好考慮經濟、心理等狀況才決定生育大事啊！大家可以再看看 3 位媽媽詳細的分娩經歷作參考。

Case 1：兩三小時已可落床

20 歲代表

媽媽：Susuca

分娩分式：第一胎：順產，第二胎：順產

　　「我的生產過程其實大致上順利，兩胎都選擇了順產，所以產後很快復原，生完之後兩至三小時已經可以落床自行去廁所。至於湊仔，第一胎有請陪月姨姨，始終覺得她比較有經驗，有她的指導，令我由很緊張變到應付自如。第二胎就只訂了月子餐，平日大致上都有姐姐和家人幫手，令我可以安心坐月。」

Case 2：兩胎很快康復

30 歲代表

媽媽：Helen

分娩分式：第一胎：順產，第二胎：剖腹

　　「我第一胎選擇政府醫院順產，過程十分痛苦，但我覺得這與年齡無關，只是因為醫院安排和其他個人因素導致。第一胎因一直表示我未開夠度數，又不可進食，過程又痛又餓，落催生藥後，囡囡心跳下降到只有正常一半下數，結果痛了 23 小時才生完。

由於第一胎的陰影，第二胎我一心打算採用無痛分娩，在私家醫院剖腹生產，約好時間進行，所以很順利，兩胎也康復得快。第一胎是人手穿水，雖然是新手醫生，感覺不熟手，弄了很久卻穿不到，好痛又突然爆流好多水，但縫完針 1 小時，傷口後來也沒再痛。」

Case 3：產後康復冇問題

媽媽：Yen

分娩分式：第一胎：剖腹

40歲代表

「我最後選擇了半身麻醉開刀生，其實醫生説想剖腹和順產都可以，但因為高齡，怕自己順產不夠氣，全身麻醉雖然感覺風險較低，但因為想望住 BB 出世，最後都選擇了半身麻醉。生產的過程十分順利，3 時入房，大約 3 時 20 分 BB 已經出世，產後復康方面也沒有特別問題。

因為覺得餵母乳比較健康，所以堅持餵母乳到兩歲半，後來有次因為生病需食藥不能餵奶，BB 又開始食到固體，便索性轉食固體了。湊 B 方面我覺得比較辛苦，自己是全職媽媽，因為沒有聘用工人，囡囡也不算難湊，所以整體上還可應付。不過有時也會跟老公講『早知要生就早點生』，有時囡囡跑兩步要追已經很累。」

總結：高齡始終需作較多檢查

其實看了 3 個媽媽的個案都算順利，當然比較高齡的 Yen 也如婦產科醫生説的，在懷孕過程中要多作檢查，其懷孕風險也較高。但現今醫學進步，只要定期檢查，小心管理身體，亦可順利生出健康寶寶。分娩方面現在除了自然順產，也有半身麻醉、全身麻醉等分娩方法，減低了因產婦年齡而對產婦和胎兒造成的風險，所以相信即使高齡的孕媽媽也毋須過份擔心。

在產後復原方面，較年輕的 Susuca 和 Helen 相對復康得很快，但高齡的 Yen 也沒有特別的產後問題。總括而言，雖然生理上較年輕的，確實在懷孕和生產上有優勢，但實際上懷孕和生產的風險都是因人而異，現在醫學進步也能幫助不同需要的孕媽媽，所以各位更應好好考慮經濟、生活和其他心理因素才決定生育，不要因為害怕高齡而衝動在還未準備好時急着生育呢！

春夏秋冬
懷孕有何不同？

專家顧問：謝嘉雯 / 註冊中醫師

春夏秋冬，每季的天氣情況都大不相同，而孕婦容易受到季節的影響，令身體出現不同的感覺和毛病。本文中醫師詳談在不同季節裏，孕婦在日常生活上有甚麼地方需要注意？飲食上要怎樣吃才營養健康？

肝氣不舒，情緒波動大　　　　　　　　　　*心火盛，易嬲怒*

四季轉變 孕婦變化大

　　不同季節是人體不同臟腑主令的時間，身體氣血亦會隨季節而產生變化。由於孕婦需要供大量的氣血養胎，因此對季節轉變的反應更明顯，身體波動亦較大。以下看看孕婦在不同季節會呈現怎樣的身體特徵。

春：肝氣不舒，情緒波動大

　　春季五行屬「木」，與五臟中的「肝」對應，而春季是萬物生長舒展的季節，肝氣同樣。然而，由於孕婦將大量的氣血供養胎用，陽浮於上，容易出現肝氣不舒的情況，主要表現為情緒低落、多愁善感、愛嘆氣，而肝陽上亢令孕婦易出現急躁、嬲怒的情緒。春季孕婦最常見的毛病有以下 3 種：

春困

　　中醫將「濕」分為外濕（受天氣環境影響）和內濕（人體脾胃功能差）。而春天天氣潮濕，屬於外濕之邪：濕邪進入人體後，容易引起濕困脾胃，令脾胃運化水濕和吸收水穀精微的功能失常，因此孕婦容易產生疲憊、頭重頭昏的感覺。若孕婦本身的脾胃功能較差，即內濕加劇濕邪，孕吐反應會更加強烈，嚴重者聞到氣味便會嘔吐。除了孕吐反應，脾胃功能較差在春季亦容易出現胃口差、消化不良的情況。

水腫與濕疹

　　春季會加劇孕婦水腫和濕疹的情況。由於水性趨下，加上孕婦脾虛不能運化水濕，從而令妊娠水腫加劇。此外，春季潮濕的天氣容易誘發孕婦濕疹。

倒春寒

出現在二至五月，由於此時北方冷空氣依然活躍，而冷空氣南下便會為本港帶來降溫，稱為「倒春寒」。春日大氣逐漸回暖，但當冷空氣到達後，氣溫便出現急降，造成春季晝夜溫差大，令細菌及病毒乘虛而入，孕婦容易因此受寒而出現呼吸系統疾病，例如流感或肺炎。

夏：心火盛，易嬲怒

《黃帝內經》有曰：「火熱為夏，內應於心，心主血，藏神。」夏季天氣炎熱，易助長心火，而且孕婦比起常人更怕熱，從而令孕婦容易出現煩躁不安等心火過旺的表現。同時，濕熱天氣會造成脾胃濕重，從而影響孕婦的胃口。夏季孕婦最常見的毛病有以下 3 種：

中暑

「暑」為夏季的主氣，暑為陽邪，其性升散，容易耗氣傷津。夏天室外炎熱高溫，人體藉排汗來散熱。孕婦新陳代謝快，俗語說「產前一團火，產後一塊冰」，孕婦在夏天更易感到悶熱，而戶外活動大量出汗、飲水不足或長時間受烈日照射，均容易導致孕婦中暑。

冷氣病

孕婦因怕熱而長處空調環境，或外出大汗淋漓後馬上進入冷氣房，汗出當風，室內的冷氣儼如風寒之邪，從肌表侵襲人體，使孕婦容易出現感冒、發燒、咳嗽等不適症狀，俗稱「冷氣病」。

腹瀉

長夏多濕，雨水持續增多，天氣濕熱，容易滋生細菌，若孕婦進食過多生冷食物，便容易出現腹瀉、腹痛等腸胃問題。

秋：易肺燥，悲秋

秋季由肺氣所主，而肺在五行屬「金」，金對應的情志是憂悲，因此秋與憂悲相應。所幸香港的秋季環境變化不似北方明顯，因此孕婦的悲秋情緒相對不太明顯。

由於肺主皮毛、司呼吸，秋季「燥」氣當令，因此孕婦容易出現皮膚及呼吸道等 3 種疾病：

易肺燥，悲秋

腎氣不足，容易抑鬱

呼吸道疾病

秋季天氣乾燥，容易出現口乾舌燥、鼻咽乾燥、乾咳等呼吸道疾病，同時轉季時份敏感體質的孕婦反應會更明顯，例如鼻敏感等情況會加劇。

便秘

此外，秋燥傷津，加上孕婦吸收纖維不足，容易出現大便乾硬的便秘問題。

皮膚問題

秋季乾燥，容易誘發皮膚痕癢的問題。孕婦宜多吃滋潤的食療，並塗潤膚霜，預防皮膚問題。

冬：腎氣不足，容易抑鬱

冬季萬物枯萎，進入冬眠狀態，而且日照時間短，孕婦亦較少外出進行戶外活動，因此容易出現抑鬱的情緒。冬季主腎，若孕婦腎氣不足，加上懷孕期間子宮對膀胱造成壓迫，從而導致孕婦容易出現腰痠、夜尿多、日間尿頻的問題。冬季孕婦常見毛病有以下 3 種：

流感

冬季是各種病毒感染性疾病流行與高發季節，由於孕婦抵抗力差，有一定的易感性。此外，冬季的空氣污染情況較嚴重，因此該季節亦容易誘發敏感體質孕婦的鼻敏感等疾病。

高血壓

冬季的血壓波動也明顯大於夏季。寒性收引，寒冷天氣會令血管收縮，特別是高齡產婦患有妊娠高血壓機率比較高，所以冬

天更要注意氣溫對血壓影響。

缺乏維他命 D

皮膚受到陽光照射後體內才能合成維他命 D，而維他命 D 是幫助吸收鈣質的重要元素。然而孕婦經常塗防曬霜，同時冬天日照時間短，很多孕婦甚至不作戶外活動，所以難以吸收足夠的維他命 D。孕婦對鈣質的需求量比一般人要多，以保障有充足的鈣以形成寶寶的骨骼及牙齒。足夠的鈣亦有助減低孕婦因缺鈣而引起的小腿抽筋，以及懷孕期高血壓的風險。

孕婦四季保健生活篇

前面談到一年四季孕婦的身體變化及可能產生的毛病後，該如何避免或改善這些問題呢？中醫師從生活習慣上為各位孕媽提出不同的建議，幫助大家養胎同時又能保護身體。

春：注意疏肝

《黃帝內經》曰：「春三月，此謂發陳。」春季是推陳出新生命萌發的時令。天地自然，充滿生機，萬物欣欣向榮，因此孕婦應保持肝氣舒發，方能維持身體與環境的平衡。

✔ 春季養生主張早起，以配合春天陽氣升發。

✔ 穿着寬鬆舒適的衣物，讓肝氣得以舒展。下身最好穿褲以保暖；上身堅持「可加可減」、「上薄下厚」原則，可單衣加一件外套，以應對春季較大的溫差。

✔ 多作伸展運動，春天自然界陽氣開始升發，孕婦應重點養陽，養陽的關鍵是「動」，切忌「靜」。孕婦瑜伽或多散步均可以喚醒潛藏了一個冬季的陽氣。在陽光充足、日照較暖的時候外出到公園散步賞花，可促進氣血流動，有利臨盆生產，其次亦有助孕婦身心舒暢，同時曬日光浴可幫助吸收足夠的維他命 D。

✔ 本港春天回南天非常潮濕，容易造成孕婦胃納不佳，並誘發濕疹、水腫，所以孕婦要注意居所乾爽，多開抽濕機，以防潮濕的環境影響身體健康。每天中午要開窗通風，被褥和衣服要保持乾爽透氣。

夏：保持靜心

夏季是天地氣交，萬物華實的季節。夏季日照時間長，孕婦

可夜睡早起，同時保持清淡的飲食與心境的平和，這些都是夏氣之應，養長之道。

✔ 夜睡早起，兼作午睡半小時至 1 小時。由於下午 1 至 3 時是一天之中氣溫最高的時候，稍活動便容易因出汗多消耗體力，極易疲勞，因此孕婦應避免中午外出，而午睡有助恢復體力。

✔ 夏季暑熱外蒸，人體毛孔開放，容易受風寒雨露侵襲，因此晚上不宜在室外乘涼過久。在冷氣房亦要記得穿風衣。

✔ 保持心情愉快，切勿發怒。孕婦可多看書、聽音樂、繪畫、做手工，這些活動不但有胎教作用，更有益身心，亦符合夏天「靜心」的養生模式。

✔ 懷孕中後期的孕婦可選擇游泳（9 個月臨盆前勿游泳），消暑同時亦能鍛煉身體，特別是孕期容易腰痠背痛、膝蓋疼痛的孕婦，水的浮力既可支撐腹部重量，減輕下腹、下背與膝關節的壓力，也可放鬆全身肌肉。游泳的強度可根據孕婦本身的體能決定。

秋：潤肺護肺

《黃帝內經》曰：「秋三月，此謂容平。」秋季處於「陽消陰長」之時，是萬物成熟收穫的季節，因此孕婦養生應順應此時人體陰精陽氣都處在收斂內養狀態的特點。

✔ 孕婦應早起早睡，早睡可以避免秋天晚上涼氣傷肺；早起則可以使肺氣得以舒展，防止收之太過。

✔ 保持神智的安寧，減緩秋季的肅殺之氣對身體的影響。

✔ 早起後進行鍛煉，可改善腦機能，促進血液循環，並增強心肺功能。

秋：潤肺護肺

冬：補腎固本

　　冬季氣溫寒冷，日照時間短，陽氣容易流失，而中醫認為，冬天屬腎，主斂藏，因此應順應自然界閉藏的特點和規律，以保陰潛陽、藏精禦寒為主。

✔ 冬季寒冷陰盛，應靜養，宜早睡晚起，早睡以養陽氣，晚起以固陰精。如《素問•四氣調神大論》中曰：早臥晚起，必待日光。

✔ 冬天雖然寒冷，但孕媽不能久坐不動，仍要堅持鍛煉身體，促進血液循環。

✔ 加強日照。每天照射定量的太陽光，除了可吸收維他命 D，亦可減少冬季抑鬱情緒。若孕媽怕面部曬黑，可以伸出手腳享受 15 至 30 分鐘的日光浴，注意手腳處切勿塗防曬產品隔離，以免會影響吸收維他命 D。

✔ 若孕期腰痠背痛情況嚴重的孕婦，用暖水袋或把粗鹽放入布袋中，微波爐加熱到 30 至 40 度，放置於命門、腰陽關、腎俞穴位處（即腰部位置）進行暖敷約 15 至 20 分鐘，直至暖水袋或粗鹽袋冷卻便可。

✔ 注意於冬季的保暖，頸部和腳部切勿受涼，可穿戴襪子和圍巾保護。

孕婦四季保健飲食篇

　　孕婦若想全方位調理身子，除了生活方面的改善，亦要配合健康適宜的飲食方能實現。因應不同的季節，飲食亦要作出不同

不同季節對出生的 BB 有影響嗎？

❶ 有研究發現，秋冬季出生的嬰兒體重、頭圍比春夏季出生的嬰兒更重和更大，這與孕婦在夏季吸收的維他命 D 比秋冬季節多有關。

❷ 冬季出生的嬰兒，由於手腳為了保暖而被包裹，有可能會影響其四肢運動能力。嬰兒出生後首幾個月是其腦神經發展階段，需要四肢運動和一定的觸覺刺激，但孕媽注意這是可以人為改善，而非先天因素，因此勿過於擔心。

❸ 春夏季出生的嬰兒患流感的機率相對較小。若嬰兒在夏季出生，到冬季時已經歷了一個秋季，這有助於他們順利適應寒冷的冬季，從而減少感冒生病等不利於嬰兒健康成長的因素。

的調整，但大致上亦遵循春疏肝、夏靜心、秋潤肺、冬補腎的原則。

春

✔ 春季陽氣初生，飲食宜養肝健脾，省酸增甘。

✔ 適量進食有辛溫發散功效之品，以助肝氣升發、行氣解鬱，例如春筍、菠菜、韭菜、茼蒿。

✔ 適當使用天然調味品，包括大蒜、葱、薑等，可增加食慾、殺菌，並預防腸胃道的毛病，但需要注意實熱者（表現身熱煩躁、尿少便秘、口舌生瘡、舌紅苔黃者）需慎服性質辛溫之物。

✔ 進食辛味食物時，宜以甘味輔之，例如米、麥、棗、蜂蜜、蕃薯、南瓜、山藥。因甘味入脾，補益脾胃可防肝旺剋脾，衍生脾胃病。

菠菜

夏

✔ 夏季炎熱，可以進食一些清熱驅暑的食物，但切忌清熱驅暑不等同於生冷食物。

✔ 應以清熱驅暑、健脾益氣功效的食物為主，多吃瓜果類等應季蔬菜，例如絲瓜、黃瓜、冬瓜、西瓜、綠豆、番茄、薏仁、蓮子等。

✔ 吃薑緩孕吐。夏季炎熱，容易過食寒涼之物傷肺胃，而薑辛溫，能發散肺胃之寒並溫脾胃，使其功能正常，可預防生冷飲食引起的胃腸不適。薑亦有止嘔作用，孕婦可吃子薑，開胃兼緩解孕吐。

✔ 多食酸味食物生津開胃。夏天天熱易多汗出，孕婦胃口欠佳，

冬瓜

春季飲食禁忌

❶ 少食酸。因為酸味入肝，有收澀作用，不利於陽氣生發和肝氣疏洩，易使肝氣偏亢，令孕婦情緒容易波動和嬲怒。

❷ 切忌過量。春日飲食，雖適宜甜味和辛味，但辛味太過，易升發肝陽，發為肝火。甘味飲食不宜過份甜膩，不利消化，並易生痰濕。

❸ 鹽攝入量注意每日不要超過半茶匙，過量的鹽份攝入會加劇水腫。可採用天然調味品，例如香草代替鹽。

「氣隨汗脱」；出汗過多會導致孕心氣虧虛。但酸能生津，孕婦可以在開水中加檸檬片、青檸片或 1 枚烏梅，增進食欲，並可生津止渴，紓緩孕吐。

✔ 夏季少吃油膩、生冷食物。

秋

✔ 秋季乾燥，孕婦宜多進食清補柔潤的食物。

✔ 多吃生津增液、養陰潤肺的食物防止乾燥，例如梨、藕、蘋果、銀耳、百合、蜂蜜、豆漿等；也可飲用有滋陰潤躁作用的中藥製作的湯水，例如沙參、麥冬、玉竹、百合等。

✔ 切忌進食辛熱麻辣、煎烤熏炸等食物。

豆漿

冬

✔ 冬季補腎驅寒，可為來年「春生夏長」做好準備。

✔ 常用的補氣助陽食物，例如牛肉、羊肉、雞肉、鱔、核桃、腰果等。

✔ 冬季還應遵守「秋冬養陰」的原則，食用一些滋陰潛陽的食物，如桑椹、桂圓、黑芝麻。

✔ 宜多吃豐富維他命和膳食纖維的新鮮蔬菜水果。

牛肉

冬季飲食禁忌

❶ 孕婦應避免口味鹹、味道重、生冷的飲食。

❷ 不得過度使用燥熱之品，即不宜大補，若一味「大補特補」，容易上火，令身體出現便秘、咽痛、長痘痘、失眠等問題。

四季湯水推介

春：平補肝腎化春困

五指毛桃茯苓豬骨湯

材料：五指毛桃 30 克、桑寄生 20 克、茯苓 20 克、豬骨適量

做法：豬骨汆水，洗淨材料後一同放入鍋中，大火煮滾後轉慢火，煲 1 至 1.5 小時。

春：五指毛桃茯苓豬骨湯　　夏：老黃瓜白扁豆粟米素湯　　秋：沙參玉竹無花果湯　　冬：杜仲熟地淮山烏雞湯

夏：寧心健脾去水腫

老黃瓜白扁豆粟米素湯

材料：老黃瓜 1 條、蓮子 15 克、炒白扁豆 30 克、淮山 30 克、粟米 1 條

做法：洗淨材料後放入鍋中，大火煮滾後轉慢火，煲 1 至 1.5 小時。

秋：滋陰潤燥強肺氣

沙參玉竹無花果湯

材料：沙參 20 克、玉竹 20 克、雪耳 1 朵、無花果 3-5 枚、太子參 15 克、瘦肉適量

做法：瘦肉汆水，洗淨材料後一同放入鍋中，大火煮滾後轉慢火，煲 1 至 1.5 小時。

冬：補腎壯腰益氣血

杜仲熟地淮山烏雞湯

材料：杜仲 10 克、熟地 20 克、桂圓 15 克、螺片 1 塊、淮山 30 克、烏雞 1 隻

做法：洗淨材料後一同放入鍋中，大火煮滾後轉慢火，煲 1 至 1.5 小時。

Part 4

孕婦運動

不要以為孕婦粗身大細，不宜運動，
其實，孕婦更宜運動，對自己及胎兒均有好處。
產下 BB 後，產婦更需要運動，
因為有不少運動會令身體回復產前狀態，
所以本章教你的運動，要好好照住來做啊！

分娩球運動
擊走順產痛楚

專家顧問：Katie/ 註冊助產士兼瑜伽導師

　　説到順產分娩，不論有沒有生產經歷的孕媽媽，都不免為那可怕的「十級痛楚」膽戰心驚。其實，除了分娩時可以使用藥物紓緩痛楚外，孕媽媽在產前進行分娩球運動，亦有減輕陣痛、加快產程等的效果。事不宜遲，快跟註冊助產士兼瑜伽導師一起，學習如何利用分娩球運動減免順產痛楚吧！

甚麼是分娩球？

　　註冊助產士兼瑜伽導師 Katie 表示，所謂的分娩球，又叫生產球 (Birth ball)，其實即是平日健身所使用的健身球。當被孕婦用作產前運動時，又會被稱為分娩球。大多數的分娩球以 PVC、防爆物料製成，可承受約 300 公斤的重量。孕媽媽在懷孕期間或臨盆前，都可以利用分娩球進行各種簡單運動以預備生產，達至紓緩子宮壓力、順產痛楚等效果。

分娩球運動對孕媽媽好處

產前
- 改正孕媽媽的姿勢，坐上後能使孕媽媽背部自然挺直，坐姿更加舒服正確
- 增加盆骨的靈活度，協助放鬆及打開盆骨
- 利用其不穩定性，鍛煉腹腔及盆腔肌肉，強化下背肌肉，有效保護背部
- 強化孕媽媽的核心肌肉力量，如背肌、內層腹肌等
- 有效伸展背部、下腰肌肉，以紓緩腰痠背痛

臨盆時
- 陣痛時進行，可以幫助胎兒頭部下滑，並使子宮頸張開得更為理想
- 有效紓緩待產時的陣痛、腰背痛，放鬆下陰肌肉壓力，紓緩私處受壓下的不適

如何選擇合適分娩球？

1. 以合適、可靠的物料製成
2. 可承受 300 公斤或以上的重量
3. 球的高度分為 45cm、55cm 及 65cm，應選擇適合自己的高度

> **檢查方法：**
> 坐下後，膝蓋與髖關節應呈
> 90 度，並比盆骨稍低一點。

4. 選擇可靠品牌的產品

① 把分娩球放置在防滑的瑜伽墊上，在球側打開雙腳。

② 用手穩定球體，保持平衡，並緩緩坐下。

＊注意膝蓋不應超過腳掌，大腿與小腿成 90 度。

---

1. 上下彈高式 Sitting poses - Up and Down

① 雙手置於大腿上，雙腿打開與肩同寬，
安坐在分娩球上。

②

作用：增強盆骨靈活性，紓緩陰部肌肉的壓力。

隨着球體的彈力，上下重複彈高及坐下的動作，
重複動作約 5-10 次。

2. 左右搖擺式 Sitting poses - Left and Right

雙手放在大腿上，雙腿自然打開，坐在分娩球上。

保持平衡，重複左右擺動的動作約5-10次。

作用：伸展下背肌肉，紓緩陰部肌肉壓力。

---

3. 左右旋轉式 Sitting poses - Hip Rotation

坐在分娩球上，以順時針的方向擺動盆骨轉圈持續，2-3分鐘。

再以逆時針方向，擺動盆骨打圈，持續2-3分鐘。

作用：有助放鬆盆骨，改善胎兒頭位不正的問題，加快產程。

4. 貓式旋轉 Cat Rotation

先用毛毯墊着膝蓋，腳趾撐地，呈半跪臥的姿勢，上半身靠在分娩球上。

把身體重心放在球體上，雙手摟着球以順時針方向轉圈。

接着再以逆時針方向轉圈，整組動作重複約5-10次。

作用：有效放鬆盆骨，增強盆骨靈活性，協助胎兒頭部下滑。

5. 瑜伽蹲式 Modified Yogi Squat

把分娩球放置於牆邊，為腿間及臀部墊上毛毯。

後背靠在球體上，自然地打開雙腿，維持定點坐姿約5分鐘。

作用：產前進行可助伸展大腿及盆骨。

6. 直角搖擺式 Right Angle Pose

身體重心放在球上，重複左右擺動盆骨約 5-10 次。

作用：伸展腰背，減少尾龍骨及盆骨的壓力。

把分娩球置於一定高度的椅子或桌子上，打開雙腳，
身體前傾，以雙手摟着球體。

7. 站立半蹲式 Goddess Pose

把分娩球凌空置於牆上，以腰背夾着，將球維持在
臀部上方，雙腿自然打開。

腰背靠着球體稍微屈膝蹲下，蹲下時膝蓋不要超過
腳尖，重複動作約 5-10 次。

作用：強化下肢、下背及腿部肌肉。

運動治療
踢走痛症

專家顧問：戴偉雄 / 註冊物理治療師、鄧蕙晴 / 普拉提運動治療師

　　孕期身體變化可能是孕媽媽最受困擾的一環，隨着胎兒變大，身體經常出現痛症，本文註冊物理治療師和普拉提運動治療師，為大家示範各種簡單又有效的孕婦運動治療動作，已懷孕 32 周的模特兒 Eliza 也可安心運動，大家沒有藉口不運動吧！

孕婦物理治療與運動

適當的運動對孕婦十分重要，孕婦因荷爾蒙起變化，韌帶變得鬆弛，如果不進行適當的運動，以強化身體肌肉及增加柔韌度，孕婦很大機會患上痛症。而孕婦亦常見有水腫的問題，適當的物理治療伸展運動有助紓緩這種情況。

由於韌帶變得鬆弛，又因體重上升，孕婦關節受壓增加 (特別是脊椎和下肢關節)。為了改善孕婦的痛症，除了伸展外，肌肉強化運動十分重要，強化肌肉能支持關節，減低痛症的困擾，需要強化的肌肉包括核心肌群如腹直肌、腹外斜肌、腹內斜肌等腹肌群，還有會陰肌肉的強化，這對自然分娩為目標的孕婦特別有好處。

適合孕婦的肌肉強化運動包括：適當的肌肉訓練動作以及低強度的帶氧運動如散步、踏健身單車、水療、游泳等。

此外，運動能釋放「快樂荷爾蒙」安多酚，幫助孕婦在孕期保持健康的身心及愉快心情。

今次的物理治療運動主要以伸展運動為主，幫助放鬆緊繃肌肉，以改善痛症和水腫等問題。而肌肉強化運動主要介紹一些普拉提運動訓練，加強核心肌肉和腿部肌肉， 全力協助生產順暢和產後修復。

Exercise Start

普拉提運動

動作 1

❶

坐直沉低肩膊，雙手以正手緊握橡筋，此時會感到手臂肌肉持續用力。

❷ *保持雙手用力，扭轉腰部到一側，保持呼吸。*

❸ *以同樣方式轉向另一邊。*

功效：打開胸腔，使呼吸更順暢，同時訓練背肌、腹外斜肌、腹內斜肌等核心肌肉，鍛煉脊椎力量以保持良好姿勢。

動作 2

橡筋保持離地。

❶ 側躺，把橡筋穿在上腿的腳底，上腿伸直，下腿可微微向後彎曲，上方的手拉着橡筋放在腹部前。

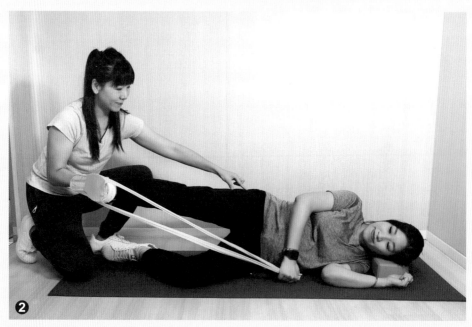

❷ 用臀部的力量把上腳向上提，再回到原位，下腳保持貼地。

功效：強化臀部、下肢肌肉。

動作 3

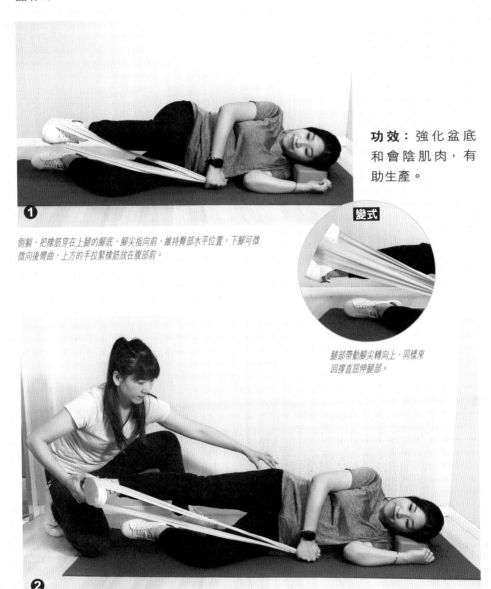

功效：強化盆底和會陰肌肉，有助生產。

變式

① 側躺，把橡筋穿在上腿的腳底，腳尖指向前，維持臀部水平位置，下腳可微微向後彎曲，上方的手拉緊橡筋放在腹部前。

腿部帶動腳尖轉向上，同樣來回撐直屈伸腿部。

② 腿部用力把上腳撐直，再回到原位，下腳保持貼地，動作重複3至5次。

功效：強化大腿肌肉。

提提你：無論伸展和運動都必須保持一個順暢的呼吸節奏，不要閉氣。

伸展運動

動作 1

❶ 坐好，一腳踩着地面，一腳髖部彎曲打平放椅上，腳板可貼近另一隻腳的大腿。

❷ 手放膝蓋位置輕輕向下壓。

功效：伸展髖關節和下背肌肉，改善肌肉繃緊和痛症。

動作 2

做法：先坐直，一腳踩着地面，
另一隻腳向前伸直，腳跟碰地。
慢慢把上身向前帶動髖部屈曲，
令小腿及大腿後方有舒服伸展
感，維持 15-20 秒，重複另一邊。

功效：紓緩大腿、小腿肌肉繃緊，改善肌肉痛楚和水腫，抽筋的情況也會減少。

動作 3

此動作為上一個動
作的簡單版本，但肚子
過大的孕婦可能較難做
好上面的動作，這些孕
婦可以嘗試這個動作，
有相同的拉筋效果。

❶

坐穩，一腳屈曲踏穩地面，另一腿膝部向前伸直。

❷

腳尖向上勾起，維持 15-20 秒，
回到原始姿勢。

動作 4

❶

雙手向上打開肩膀闊度，打開腋下位置。

❷

維持雙手向上，彎腰向一邊側，有輕微拉
扯感覺即可。

❸

另一邊同樣做法。

功效：增加上身柔韌度，伸展軀幹、脊骨、上身側面肌肉和筋膜，令關節放鬆。

189

8 式簡易
去水腫動作

專家顧問：李卓林 / 註冊中醫師

　　對貪靚的孕媽媽來說，懷孕期間保持身形管理、肥 B 不肥媽，自然不在話下。不過，懷孕中後期出現的水腫情況，卻總是擋也擋不下，到底孕婦為甚麼會水腫？孕媽日常該如何預防和改善水腫？本文中醫師為孕媽媽傳授八式去水腫的簡易動作，簡單幾步就成功去水腫！

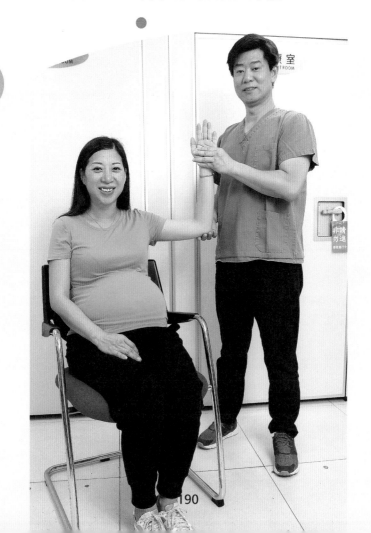

孕婦水腫成因

孕婦水腫最常見的原因，是由於脾腎陽虛、水濕運化不暢，再加上由於子宮體積和重量的增大，會導致孕婦在平躺時容易壓迫下腔靜脈，使得靜脈中的血液回流減少，導致下肢出現水腫情況。與此同時，隨着懷孕周數的增加，此情況會越來越嚴重，甚至有機會出現下肢靜脈曲張現象。

應付水腫方法

中醫對水腫的處理方式，通常會以健脾利濕、固腎利水為主要做法。

固腎

進食足夠份量的蛋白質，避免食用高鹽、加工、醃漬或罐頭食物，以助減少由於營養不良及鹽份過多所引致的水腫。

早睡早起

別熬得太晚才睡覺。夜睡容易傷及腎氣，使體內的生物鐘節律被打亂，引致內分泌失調，間接影響水腫。

做簡易的慢運動

通過增加肌肉推動水液流動，增強靜脈血液回流，刺激淋巴循環，能達到增強代謝效果，有效達至去水腫的目的。

注意事項

1. 衣服樣式要寬鬆，並多穿幾層，覺得熱時可及時脫衣；穿合腳的平底運動鞋。
2. 鍛煉要適度，避免過度疲勞；同時不要做幅度大且急促的動作，每次不應超過 15 分鐘，運動時心跳速率需在每分鐘 140 下以內。若超過此範圍，準媽媽的血流量較高，可能會令血管負荷不了。
3. 及時補充運動所消耗的能量，增加營養的均衡攝取。多吃清淡食物，以碳水化合物為主。飯後一個小時後方可鍛煉。

Exercise Start

第一式：坐直抬腿

Ready：坐在高背椅子上，背部挺直。

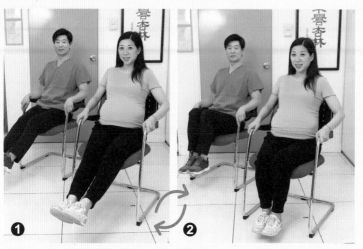

去水腫部位：
腹部、腿部

功效： 帶動腹部核心肌群運動，減少腹部水腫；帶動股四頭肌及小腿運動，增加腿部血液及水液流動，達至去水腫的效果。

❶ 雙膝屈曲，雙足平放在地上，雙手扶着椅邊。懸空伸直膝蓋，拉直雙腿。　❷ 然屈曲雙膝，懸空放回原位，連續做20次。

第二式：坐後分腿

Ready：坐在高背椅子中間位置，背部挺直。

去水腫部位：
腿部

功效： 主要運動大腿內收肌，增加腿部血液及水液流動，達至去水腫效果。

❶ 雙膝屈曲，雙足平放在地上，雙膝緊合，雙手扶着椅邊較後位置。　❷ 背部往後傾斜，大腿同時向外分開，然後再合，放在椅子前部原本位置。連續做20次。

第三式：坐直轉身

Ready：坐在高背椅子上，背部挺直。

① 雙膝屈曲，雙足平放在地上，手肘屈曲，抬高到肩膊水平。

② 然後腰部慢慢往右旋轉到大約80-90度。

③ 再慢慢恢復到向前原位。

④ 重複以上動作，但旋轉方向左邊。左右旋轉，是為1次。連續做10次。

去水腫部位：腰腹部

功效：帶動腹部運動，達到瘦腰效果。亦有驅動腸臑動作用，增加排走宿便。

第四式：伸臂旋掌

Ready：坐在高背椅子上，背部挺直。

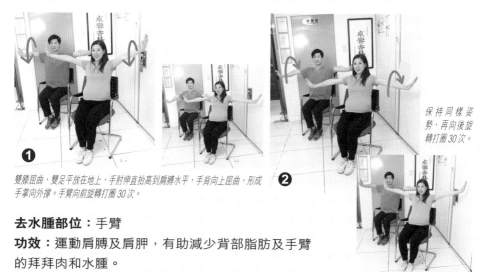

① 雙膝屈曲，雙足平放在地上，手肘伸直抬高到肩膊水平，手背向上屈曲，形成手掌向外撐。手臂向前旋轉打圈30次。

② 保持同樣姿勢，再向後旋轉打圈30次。

去水腫部位：手臂

功效：運動肩膊及肩胛，有助減少背部脂肪及手臂的拜拜肉和水腫。

193

第五式：叉腰夾肩

Ready：坐在高背椅子上，背部挺直。

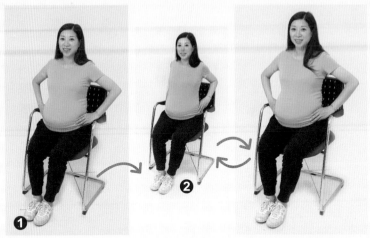

去水腫部位：
腹部

功效：帶動脊椎、腹部及背部肌肉運動，達到瘦肚腩效果；亦有背肌拉直作用，減少懷孕時候的背痛。

雙膝屈曲，雙足平放在地上，雙手叉腰，兩邊手肘同時向背脊方向收緊約90度。

脊骨微微挺直再慢慢恢復到向前原位。重複以上動作，一共做10次。

第六式：屈膝躬身

Ready：坐在高背椅子上，背部挺直。

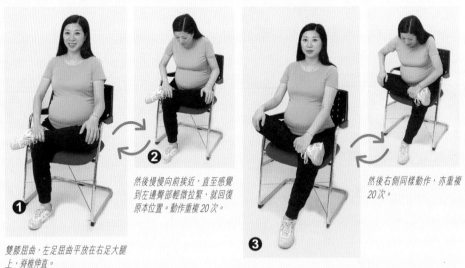

雙膝屈曲，左足屈曲平放在右足大腿上，脊椎伸直。

然後慢慢向前挨近，直至感覺到左邊臀部輕微拉緊，就回復原本位置。動作重複20次。

然後右側同樣動作，亦重複20次。

去水腫部位：臀部

功效：運動臀大肌及髖關節，有助減少臀部脂肪及水腫，紓緩懷孕時的腰痛。

第七式：側身拉頸

Ready：坐在高背椅子上，背部挺直。

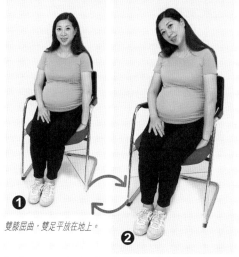

❶ 雙膝屈曲，雙足平放在地上。

❷ 然後頸部挺直慢慢往右傾斜，直接感覺到左邊頸部微微拉緊，再慢慢恢復到原位。重複動作 10-20 次。

❸ 右手背向上，放在右大腿下，並重複以上動作，同樣做 10-20 次。

去水腫部位：面頸部

功效：拉動頸部兩側肌肉，能通淋巴及運動頸部和面頰肌肉，可減去包包面和水腫。

第八式：曲臂旋前

Ready：坐在高背椅子上，背部挺直。

❶ 雙膝屈曲，雙足平放在地上，雙手肘屈曲抬高到肩膊水平，手指尖向上。

❷ 然後雙手肘向前慢慢旋轉到水平約 90 度。

❸ 再慢慢恢復到向上原位。重複以上動作 20 次。

去水腫部位：
肩部、手臂

功效：運動肩膊及手肘肌肉，減少上臂及肩部脂肪與水腫，有效減少肩圍。

產後3個月
火速收身

專家顧問：陶麗敏 / 註冊物理治療師

孕媽媽十月懷胎，食量增加，體重上升，肚及手腳隨日子腫脹。直至BB出世，媽媽始驚覺身材走樣，手臂、肚腹及臀部更是重災區。我們深明愛美是女士天性，特意介紹產後三個月火速收身運動，堅決向肥肉說拜拜！

產後幾時可以做運動？

　　註冊物理治療師陶麗敏表示，產婦誕下寶寶後，若採用自然分娩，約一星期後可嘗試做產後運動。剖腹分娩的媽媽，因傷口需約六星期癒合，待復原後可考慮做運動。新任媽媽可按產後頭 1 至 2 個月、產後第 2 至 3 個月及產後 3 個月，循序漸進地做較高難度動作。每組動作可做 8 至 10 次，每次保持 5 至 10 秒。

收緊臀部運動（產後 1-2 個月）

仰臥曲膝在床上，雙手平放，收緊臀部，抬起身體。

收緊腹部運動 1

雙手按床，雙膝貼床。

嘗試呼氣並收起下腹，保持腰背平直。

收緊腹部運動 2

① 仰臥曲膝在床上，雙手平放兩旁。

② 呼氣收腹，肩膊離床至雙手觸及膝蓋，有助收緊腹直肌。

③ 另一方法是雙手向右伸出。

④ 物理治療師(可由丈夫協助)面向太太手拉手，協助對方收腹升起上半身。

收 緊 手 臂 運 動

① 雙手按床，雙膝跪下，小球或啞鈴放在身旁。

② 左手執起小球向上移，手肘尖向上。

③ 接住收下腹，左手向後伸直。

收緊手臂及臀部運動（產後 2-3 個月）

雙手按床，左膝貼床，收下腹右腳向後伸直。

左手執起小球或啞鈴，提起手肘向上。

左手向後伸直。此動作難度較高，需保持身體及手腳平衡。

收緊腹部運動

身體俯伏床上，雙膝貼床，交叉雙腳。

前臂貼床，與後臂呈九十度角。

收腹手臂及腹部用力撐起身體成一直線。

收緊手臂運動

❶ 雙手按床，雙膝貼床及交叉雙腳。

❷ 運用手臂力，做膝上壓動作。

收緊臀部運動（產後 3 個月）

❶ 雙手放腰間，右腳站好，左腳提起。

❷ 左腳向前踢出。

❸ 收緊臀部，然後收起左腳向後踢，收緊臀部，然後收起左腳向後踢，坐低下半全屈膝 90 度。

回復平坦小腹
運動有竅妙

專家顧問：Jessica / 教練

　　產後媽媽的子宮仍在恢復期，因此需要一段時間才可讓小腹逐漸變得平坦。有助於平坦小腹的方法很多，但透過運動才是健康的方式。原來要回復小腹平坦，訓練腹部肌肉時，都有竅妙之處，一起來看看是甚麼！

運動時間

教練 Jessica 表示，如果媽媽在懷孕期間有做運動的話，不但生產過程會順利點，體能會較好，產後收身的效果及復原速度亦會較快。尤其是剖腹分娩的媽媽，因為有疤痕，會影響做運動時腹肌的位置用不到力。如果產後媽媽要做一些深層的訓練，如骨盆底肌肉，深層的腹肌等，可以在分娩後一星期就開始做；但若是其他淺腹等運動訓練，剖腹的媽媽要在約 8-10 星期後，而順產的媽媽都要待產後 4 個星期才可開始做。

運動次數

Jessica 表示媽媽一開始做深層肌肉的運動時，時間可以是 10-15 分鐘。隨着身體已經適應及準備好，可以增加至一星期 2-3 次的運動。然而，每一次運動的時間長度，都要因應媽媽自己的身體狀況。如真的要有確實的時間長度，一般分娩 8-10 個月後，基本上都可以做一個小時的訓練。

運動有助小腹平坦

最難及要用較長時間回復或有成效的部位是腹部。人體內的腹肌共有四層，由內至外為腹橫肌、腹內斜肌、腹外斜肌及腹直肌。而真正的運動並非只是讓表層的肌肉動一動而已，而是應該訓練整個腹肌，讓身體學習如何正確地運用肌肉使力，即從深層肌肉開始，再延伸到淺層肌肉，這樣才可以讓脊椎處於壓力最小的正中位置，不會發生淺層肌肉過度，進而能減少腰部肌肉負擔及腰背痛發生率，還能讓小腹逐漸恢復平坦。

自我檢測「腹直肌的分離程度」

有些情況下，是不適合做面層的腹肌運動的。懷孕的時候，腹部的肌肉是 2 邊分開。但在生產後，它們會自動的合上，但有些媽媽是不能完全的合上，中間的位置還會有一個空隙。以下一個簡單的測試，可以檢查到媽媽腹部的肌肉空隙有多大。

仰躺，雙腳屈膝；雙手的手指併攏，將指尖朝向肚臍，指腹放置於肚臍上、下中線。吐氣時，頭部慢慢抬離地面，然後指腹往腹部下壓；腹部中間出現的溝，就是腹直肌分離的位置。

* 若分離距離在 1-2 指 (1 指約 1 公分) 的寬度內，媽媽便可

直接進行腹直肌的肌耐力訓練；若超過 2 指的寬度，建議媽媽們先選擇其他腹直肌分離的矯正運動來訓練。

注意事項：

1. 要先強化深層的肌肉，如腹橫肌、骨盆肌肉等，因為很多運動都需要用到我們的深層肌肉，若果沒有好好回復深層肌肉，做其他的運動訓練時就會較容易受傷。

2. 媽媽要留意自己的姿勢，例如她們的乳房脹大了，會導致她們的身體傾前，肚大了都會令腰部向後。因此，在產後運動中就要好好把在懷孕期間用錯了的姿勢糾正過來，可重點訓練背脊位置的肌肉，把前線的肌肉拉鬆。

核心運動練習

❶

雙膝而跪。

❷

收縮腹部肌肉，然後慢慢把右腳向後伸直，左手向前提高，保時 5 秒後放鬆，重複另一側。

❸

手腳同時向外掃 30 度，每邊 10 下為一組，共做 2 組。

功效：能加強腹橫肌及骨盆肌肉，做的時候要好像忍尿般，收縮骨盆底肌肉。

204

橋式

躺下後，背部要完全貼在地上拉直。

逐節脊骨抬高升起，下來的時候亦同樣一節節地下來。
*注意：上升時，不可以用腰力升起。

到最高位定住，再把一隻腳提起。

功效： 同樣能加強腹橫肌及骨盆底肌肉，做的時候亦要好像忍尿般，收縮骨盆底肌肉。

蚌式

打橫的躺在地上，背脊要保持伸直，亦可以靠在牆上做，只要背部全貼在牆上就正確。

膝蓋打開約 60 度。

兩腳伸直，與臀部成一直線，左腳向上提高 30 度。

另一隻腳亦向上提高 10 度。

功效： 可收緊臀部肌肉，腹橫肌及大腿內側肌肉，做 10-15 下，共做 2 組。

橡筋帶拉背

① 先把肩胛骨向後夾。

② 再打開雙手。

功效：有效改善因懷孕後引致的寒背問題。

橡筋帶半蹲

功效：同樣有效改善寒背問題，做 10-15 下，共做 2 組。

① 雙腳踏着橡筋帶，腰背要保持挺直；手保持 90 度，把拉橡筋帶拉扯。

② 蹲下腳呈 90 度，腰背保持挺直，手保持 90 度。

靠牆半蹲

功效：有效矯正寒背問題，收緊臀部及大髀肌肉，動作維持 30-60 秒。

① 雙手平放胸前，站直並腰背要保持挺直。

② 蹲下腳呈 90 度，腰背保持挺直，手保持平放胸前。

③ 可貼牆做，腳部同樣保持 90 度。

產後打拳
重塑體態

專家顧問：Phoebe / 教練

　　產後媽媽做運動收身，離不開都是想要回復孕前的苗條身形，而針對的部位都是手臂、腰部、大腿、以及臀部等。近年拳擊運動變得越來越流行，不論男女老少，甚至親子課堂都大受歡迎。本文的拳手媽媽，教你針對不同的部位，做不同的收身運動，讓媽媽們快快變回美少女。

拳擊運動好處多

拳擊是一種接觸性的運動項目，可以強化產後媽媽的肌肉、骨骼和韌帶，還可以增強心肺功能、提高力氣，對身體有一定的好處。

大量燃燒卡路里：

根據統計，進行拳擊訓練，每分鐘可燃燒 13 卡路里，若以一名 60 分斤的人為例，進行半個小時以上的訓練，可燃燒超過 300 以上的卡路里。因此，對於瘦身來説，拳擊運動燃燒熱量的效果比單車或跑步等有氧運動，更為有效。

強健骨骼韌帶：

拳擊可以強化骨骼、韌帶、關節、肌腱。這個劇烈的運動有助於提高代謝率，有毒廢物可以更容易從身體清除。

提升心肺功能：

拳擊包含了全身的運動，有助於讓我們的心臟和肺部正常工作，可以增強心肺功能。

提高力氣力量：

拳擊是一個全身的鍛煉，可以增強妳的臀部、背部、腿部、胸部和肩膀。拳打可以對抗抵抗力，使肌肉更強壯，提升整體的力氣和力量。

可以消除壓力：

拳擊是一項消除壓力的運動，可以幫助妳懷孕期間保持活力。然而，最好避免苦練，以及用力擊打，在懷孕中後期之後。

雕塑體態：

拳擊練習活動量大，減脂效果明顯，平均每個小時約消耗 700 卡路里，可説是所有健身項目中消耗最大的一種。而練習拳擊對於減肥和提升個人體能和體力都有很好的效果。此外，拳擊進攻以出拳為主，肩背的肌肉，韌帶都可以得到適度的鍛煉，讓整個人都變得更靈活。

頭肌、手臂及腰部

前後腳企穩，腰身挺直；眼望前方，腰左右扭動，幫助左右手出拳。

功效：此動作可幫助產後婦女收緊三頭肌、手臂及腰部的線條；共做 3 組，每組 15-20 下。

核心肌肉訓練

　　無論懷孕前如何苗條，媽媽在懷胎十月後，肚皮難免被 RR 撐鬆了。而懷孕會造成孕婦的腹直肌被拉長，且中間的腱膜也會被拉扯開，此現象稱為「腹直肌分離」。除腹直肌分離外，產後媽媽的其他腹肌如腹斜肌或腹橫肌也會有鬆弛無力的現象，這將造成產後腹部鬆垮，也有可能導致背痛。「深層腹部肌肉訓練」不僅幫產後媽媽收肚腩，最重要是幫助強化腹部肌肉，更好地保護和支撐脊骨。

腹部肌肉

平躺在地上，腿部伸直微微提起；雙手緊扣放頸後，用腹部力量把上半身微微升起。

功效：此動作有助鍛煉腹部的肌肉，注意眼睛要保持望着腳趾；維持 1 分鐘。

伸直雙腳，以腳尖為支撐點，上半身以平板支撐的形式撐在 fitball 上。
功效：此動作同樣能鍛煉腹部肌肉，由於剛分娩完的媽媽不宜進行 sit up，因此能用此動作代替而得到相若的效果，維持 1 分鐘。

臀部及大腿

功效：此動作可鍛煉媽媽的平衡力，同時收緊臀部及大腿的肌肉，有助回復線條；維持 1 分鐘。

① 先在半圓球上站穩，雙手交疊，平放胸前。　② 慢慢向下蹲，雙手保持交疊在胸前，注意膝蓋盡量不要超過腳趾。

手臂鍛煉

　　產後媽媽的手臂與腿部一樣，是非常容易會長出贅肉的部位。但卻與腿部不同，手臂的運動量沒有腿部的運動量大，所以長出來的肉都是鬆垮垮的，但只要媽媽稍加鍛煉，就可輕鬆減去贅肉，鍛煉出好看的手臂線條。再加上，照顧或要抱起 BB 時，手臂的力量是不能少的。

功效：此動作可鍛煉媽媽的手臂肌肉，有助回復手臂的線條；共做 3 組，每組 15-20 下。

坐在啞鈴訓練椅上，身體微微向前傾，雙手手握啞鈴，平放。

雙手慢慢向上提起。

背肌鍛煉

　　懷孕期間，孕媽媽的脊椎受力改變，久而久之形成勞損。加上子宮漸漸的變大，孕媽媽會開始變得姿勢不當，產後肌肉又無力，在照顧 BB 時，會使得肌肉疼痛的情況加劇。為了矯正姿勢，如寒背，以及加強背部的肌肉，減輕腰痠背痛等情況出現，背部肌肉的鍛煉實在不能忽視。

腳掌完全貼地，身體向後傾斜約 45 度。

腳掌保持完全貼地，雙手用力把身體向上拉，手部呈 90 度。

功效：此動作可鍛煉媽媽的背部肌肉，有助紓緩背部痠痛；共做 3 組，每組 15-20 下。

注意事項：教練 Phoebe 提醒產後媽媽，生產完後，要回醫院覆診，如醫生表示傷口已沒有問題，才可開始做運動，謹記一定要待傷口徹底痊癒後才可運動。而運動時要循序漸進，亦不要急於收肚腩。可由慢跑開始，切忌太心急，開始時可先做一些拉筋的運動熱身。

產後收身
在家做得到

專家顧問：阿蔡 / 教練

懷孕讓孕媽媽的身體經歷了一場巨大的變化，產後最重視的莫過於自己的身形改變。媽媽們想做運動，但又不能放下 BB 出外，久而久之，便沒有了收身這回事。為了讓各媽媽產後能方便又快速的回復產前身形，本文教各位產後媽媽幾個在家也可進行的收身運動，能輕鬆的在家做運動！

重點部位

懷孕期間，孕媽媽的腹橫肌 (即腹肌) 會被擴張，所以該部位會在產後變得比較鬆弛，肚的形狀亦變得不好看。而最難收到的部位就是臀部，因為懷孕會令盆骨位置的肌肉放鬆，亦改變了形狀。

產後運動目的

產後媽媽做運動，其實不只是收身。排除了外表變美的理由，運動對身體亦有很大的好處。產後有適當的運動，可避免日後腹肌無力、背痛及打噴嚏或咳嗽導致的漏尿問題。運動目的在促進子宮與會陰肌收縮，並強化腹肌，讓內臟復位；增強腹肌的張力，恢復身材；可促進骨盆底、子宮復舊；促進血液循環，預防血栓靜脈炎；運動亦可促進腸蠕動，增進食慾及預防便秘。

運動時間

剖腹分娩的媽媽，建議她們 6 個星期不要拿重物及做劇烈運動，但較簡單的運動如在跑步機上步行都可進行。順產因沒有傷口的問題，因此可以早一點開始做運動，在分娩後 2-3 星期後，傷口復原好，就可以開始做一些比較簡單的運動，但運動時亦要注意，不要太劇烈及時間太長。

每日運動量

產後媽媽剛開始做運動的話，應由最短的時間開始做，可由 30 分鐘，增加至 45 分鐘，過了一段時間後，可再加到 60 分鐘，最好的時間是做到一個半小時。當然，媽媽們要注意自己的身體狀況，做運動時不要勉強。

收緊腹肌及骨盆

動作 1

① 先躺平在墊上，把雙腳曲起，膝蓋要分開至膊頭闊度。

② 把臀部向上提起。

③ 去到最高點時，可以停留一會。

④ 最後慢慢放鬆下來，臀部不貼地。(*若覺得辛苦，可讓臀部貼地。)

功效：此動作能收緊骨盆位置的肌肉，整套動作重複做 20 次，共做 3 組。

動作 2

用手肘及腳尖面向下，撐起整個
人。

面向前看，腰保持挺直，一隻腳提起。

然後慢慢放下，緊記要配合呼吸。

功效：此動作能收緊腹部肌肉，每隻腳重複做 10 次，共做 3 組。

動作 3

先躺平在墊上，把雙腳曲起，雙手舉直。

把上半身向左上提起，維持數秒，再慢慢躺下。

再把上半身向右上提起，同樣維持數秒，再慢慢躺下。

功效：此動作能收緊腹部的肌肉，整套動作重複做 20 次，共做 3 組。

產後錯誤收身方法

1. 產後馬上做減肥運動

產後媽媽不宜在生產後馬上做運動收身。因為在懷孕期間，體內荷爾蒙發生變化，使結締體素軟化，生育後的幾周內，一些關節會特別容易受傷。若剛剛生育後即做一些產後收身的運動，這可能會令子宮康復放慢並引起出血，而劇烈一點的運動或會令會陰切口的康復放慢。如果是剖腹生產，情況會更加危險。因此剖腹生產的媽媽一定要經醫生診斷傷口的復原狀況，才可以進行。

2. 哺乳期節食減肥

產後媽媽在哺乳期間，並不適合減肥，因為節食不當，可能會影響乳汁的多少。

3. 貧血仍減肥

生產會令大量的血液流失，而貧血亦會造成產後收身的速度緩慢。如果在沒有解決貧血的情況下進行收身計劃，便會加重貧血的情況。因此，產後媽媽必須留意自己的身體狀況，才可減肥！

收緊大腿

動作 4

① 先站直，把雙手水平舉起。

② 臀部向後坐下。

③ 小腿與大髀成 90 度，再直立。

功效：此動作能收緊整個大髀的肌肉，整套動作重複做 20 次，共做 3 組。

齊做普拉提
重拾肌耐力

專家顧問：Carmen/ 瑜伽導師

懷孕過程或產後，媽媽們身材難免走樣，又可能有些肌肉上的後遺痛楚，而普拉提（Pilates）這種能強化身體核心肌群和加強肌肉耐力的運動，最適合產後需要收身或恢復鍛煉的媽媽。本文幾套簡單的普拉提動作，能幫助產後媽媽改善骨盆底肌無力及受損、腹直肌分離和腰痠背痛等問題，各位孕媽媽趕快學起來，待將來產後可以練習吧！

產後媽媽面對問題

骨盆底肌無力及受損

　　骨盆底肌像一個綿密的網，支撐了女性的子宮、膀胱等腹腔的器官。由於懷孕後，子宮中胎兒逐漸長大，向下壓迫到膀胱和骨盆底肌，容易造成尿頻的狀況，為了讓胎頭順利通過，有些婦產科醫生會用剪刀將骨盆底肌剪開，導致骨盆底肌受損，使尿失禁的機率增加。

腹直肌分離

　　懷孕時由於腹部越來越大，向前向下的壓力造成腹部肌肉被拉扯向兩側撐開，造成所謂的腹直肌分離。若在產前即開始強化腹部及背部的核心肌群訓練，較不易產生腹直肌中裂的現象。若產後沒有適當的運動，腹直肌中裂的狀況則不易恢復。

腰痠背痛

　　腹中寶寶向前向下的拉力，易造成腰椎太過前凸，使下背部的肌肉被拉扯而造成腰痠背痛的問題，若生產後沒有加以矯正，不良的姿勢會令腰痠背痛及肩頸痠痛問題惡化。

產後練習普拉提好處

　　由於普拉提主要鍛煉人體核心的肌肉及骨骼，如腹肌、背肌等主力支撐脊骨及下盆的肌肉，剛生產完的媽媽加強鍛煉，便可以改善軀幹的穩定性，減少痛症之餘，對抱 BB 也有幫助；而且普拉提的難度可以由淺入深，所以適合生產完的女性。

注意事項

　　產婦應根據身體恢復情況而做普拉提。自然分娩的女性一般在產後便可作簡單伸展運動，產後 4 至 6 周後可開始恢復訓練；而剖腹產子的女性則建議在產後 8 至 12 周，或向醫護人員查詢身體狀況後才開始運動。

Exercise Start　　**訓練骨盆穩定性**

1. 骨盆捲動

❶ 平躺在墊上，雙腿泊齊，膝蓋彎曲，雙手放在身體兩側。

❷ 吸氣時，保持身體不動；呼氣時，收縮腹部，抬高盆骨，直至身體、膝蓋到肩膀成一條直線。

❸ 吸氣時，保持身體不動；呼氣時，放鬆胸骨和肋骨，慢慢將身體回至起始動作。

2. 轉換雙腿

❶ 平躺在墊中央位置，雙腿泊齊，膝蓋彎曲，雙手放在身體兩側。

❷ 呼氣時，保持膝關節的角度基本不變，屈髖提起左腿；保持骨盆不動，呼氣並慢慢放低腿部，從腳趾觸地過渡到整個腳掌落回地板後，換右腳重複動作。

3. 肩橋預備式

雙腿泊齊，膝蓋彎曲，雙手放在身體兩側，抬高恥骨，直至身體、膝蓋到肩膀成一條直線。

呼氣時，保持膝關節的角度基本不變，屈髖提起右腿。

保持骨盆不動，吸氣，慢慢放低腿部，從腳趾觸地過渡到整個腳掌落回地板。轉移重心，交換另一側腿部。

4. 肩橋

雙腿泊齊，膝蓋彎曲，雙手放在身體兩側，抬高恥骨，直至身體、膝蓋到肩膀成一條直線。

呼氣時，保持膝關節的角度基本不變，屈髖提起右腿。

右腿垂直抬起，腳掌勾起。

右腿慢慢降下至與地面成水平線。完成動作後，換左腳重複動作，每邊各5下。

221

強化腹部 控制軀幹穩定

5. 胸部抬起及旋轉

仰臥屈膝，脊椎處於自然中立位，雙膝保持90度，兩膝之間保持約一個拳的距離，雙手手指交叉置於頭後側。

呼氣時，收縮腹部，將頭部和肩部捲離墊子，直至肩胛骨下角剛觸及地面，目視肚臍方向。

呼氣時，收縮腹部斜肌，轉動身體。吸氣時，回到中間，切記要保持上身、頭和肩的高度。

再呼氣，慢慢將上身轉動向另一側，骨盆始終保持不動。然後吸氣，回到中間。

媽媽寶寶　最營食譜

荷花出版
EUGENE GROUP

67款輕鬆易煮兒童滋味餐 $130

自家速製創意糊仔 $130

寶寶嘅飲食寶庫！

61款幼兒開胃涼伴食譜 $130

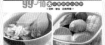

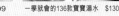

寶寶湯水大補鑑 $99　　簡易自製47款幼兒小食 $99　　幼兒保健133款私藏靚湯 $130　　媽咪炮製BB糊仔 $99　　一學就會的136款寶寶湯水 $130

0-1歲BB私房菜 $99　　自家手作幼兒營食 $110　　0-2歲寶寶6大創意小吃 $99　　寶寶至愛62款糕餅小點輕鬆焗 $130　　101款幼兒保健湯水 $99

以上圖片只供參考。優惠內容如有更改，不會作另行通知。如有任何爭議，荷花集團將保留最終決定權。

查詢熱線：2811 4522

6. 一百次預備式

平躺在墊上，雙腿泊齊舉高，雙臂高舉在頭頂。

呼氣時抬起手臂、頭部和胸部，然後將手臂劃過空中伸向兩側。吸氣時，放鬆身體返回起始動作。